警告！1450 別妄想用 COVID-20 毀滅台灣人權

王寶樹 2021.7.12

2014 年作者第一本書《地球噪音日》麗文出版，未要求刪除內容。

2021 年作者第三本書《台灣環保噪音汙染戕害人權》也請麗文出版，仿第一本模式 2021.5.10 簽約，排版校稿前突然提出「請作者修改文章內容，讓出版社不要受到外界的質疑」，出版社舉例說明：「高雄三位市長聾瞎行政 14 年」，要刪除「聾瞎」二字。

作者陳情市長 14 年求改善噪音，至今仍然天天上演垃圾車噪音，市長們的行政形同「聾瞎」，作者沒有造假，說真話不能嗎？其邁立委用 54088 現場攻擊官員又是什麼呢？

作者文章造假自然該負法律責任，不用出版社審判，應該只有三位市長有資格提告吧？。出版社非東廠的附隨組織，真正幕後兇手是 1450，1450 其中不乏許多環保人士，竟然做起干涉自由言論的勾當。

麗文出版社矢口否認市長關照，卻說請考量他們的立場，因本人拒絕配合立場，且合約沒有限定出版時間，出版社很巧妙的有讀不回，拖延出版，想讓書籍出版無疾而終。

　　麗文對五眼聯盟表達忠誠，有苦難言。作者與麗文並無冤仇，明白麗文苦衷，願為麗文祈禱，求主賜麗文智慧與勇氣。

　　五眼聯盟的態度！見證如下

2021.6.1 作者行政院陳情《高雄市噪音改善》　（陳情編號110****26）

2021.6.21 桃園市回覆作者陳情案件（回函編號110****0255）

2021.6.22 行政院回覆函：「您反應高雄市國光路 30 號攤販……」

　　天啊！桃園市、攤販與高雄噪音陳情無關，亂搞鴛鴦！龍蝦呸！

　　2021.7.11「警專姐」在 Dcard 論壇被強制下架、帳號停權，沒有信仰的官員，1450 只有龍蝦不見慈悲，龍蝦與聾瞎沒有差別，這就是官員的態度。

推薦序 1 官僚諾諾、一士諤諤

好友王寶樹老師，幾年來專注於高雄市垃圾車配樂噪音問題，先後出版《1016 地球噪音日.2014.麗文出版社》及《噪音聲押匹婆.2017.樹人出版社》二書，筆者忝為其作序《鍥而不捨》及《政自小始》。王老師擬再出版第三本書《台灣環保噪音汙染戕害人權》，誠如其書中所言：「官員要睡醒，比中樂透還要困難；臺灣法律神仙都不相信。直到地老天荒，海枯石爛，健康人權愛心不變；如果不能改變噪音歷史，至少也得讓歷史留下曾經努力改革噪音。」所謂「無三不成禮」筆者竊以「官僚諾諾、一士諤諤」以之為序。

拜讀王老師之大作，讓筆者直覺以為，如果不是今年 828 公投、2022 地方選舉及臺鐵太魯閣事故，尤其民進黨和蔡英文民調聲望雙雙邊降等等因素，何來會有今天（四月二十二日）民進黨政府和環團面對面溝通之舉？！而在「選票萬歲」的前題下，王老師「改善垃圾車噪音維護健康人權」高瞻遠矚之宏願（見），卻被視為「曲高和寡」之論，註定走上孤寂迢迢之路！此與日前拙文《扼殺私校生機的劊子手》，痛陳官僚、政客及學閥誤國實是如出一轍。

幾年來，筆者目睹民進黨蔡英文政府把得之不易的民主法

治摧殘殆盡，已儼如戒嚴復辟，致令「不能做自己」的顢頇官場文化更加惡化。尤其從去年初，無所不用其極地操弄「瘟疫政治」，甚至罔顧民命的疫苗政策，而一再痛陳：「但見官僚（學閥）官場現形，不見專家（學者）起碼的堅持與風骨！」滿朝都是唯唯諾諾之聲，連學術殿堂都屢見揣摩或屈從上旨之事，何嘗不就是王老師諄諄諤諤之因！

記得當年臺北市推動「垃圾不落地」之初，一時市民亦深感不便而有反彈聲浪，但時日一久卻成習以為常之事。而規定騎機車必需戴安全帽亦是如此，「習以為常」之後，沒戴安全帽反而不習慣甚至不自在。

吾人以為，垃圾車除偶遇特殊情況外，每天定時、定點收垃圾，民眾亦早已養成習慣，執行降低配樂的音量，以合乎法令規定，絕對不是難事，只是芸芸眾生對高分貝造成健康的傷害，不如對空污及核食或萊豬等敏感而引起共鳴，官僚及政客在「選票第一」的考量上，自是得過且過虛應了事。而媒體採訪報導亦是「即興式」而已，如中天電視還特別為此作專題報導者反成異類。

幾年來王老師監測垃圾車音量分貝總次數約達 3300 次；陳情各機關近 600 次；甚至不惜犧牲老本，訴諸行政法院，纏訟 4 年耗費不貲；現在更提供 200 萬元獎金，製定獎勵辦法，擬獎勵在其住家方圓五平方公里內，沒有播放音樂及政令宣導的公家垃圾車司機。其鍥而不捨，擇善固執的赤子之心於此可見。

　　王老師的大作，對噪音與健康的關係有深廣的介紹，不失為健康教育的珍貴新知;對自由、法律、人權及司法現狀等更有據實而深入的闡明，尤其深期以教育啟迪民智，以竟移風易俗之功。不忘諄諄教誨，春風化雨的師澤教化職志。

　　王老師於省立教育學院（國立彰化師範大學前身）物理系畢業後，在美和高中任教 12 年，與夫人陳惟玲老師（鳳山高中退休），為了照顧雙方年邁的雙親，正值盛年就提前退休，餘暇在監獄等擔任志工，從事教化及公益服務。尤其從美和高中離職至今 29 年，以感恩圖報之心每年捐款萬餘元回饋學校。善念及孝心實令人感佩。謹此申謝並彰顯其德！是為序。

屏東縣私立美和高中退休校長

涂順振

推薦序 2　他山之石，可以攻玉

王寶樹先生要我給他的新書《臺灣環保噪音污染戕害人權兇手》寫幾句話，我對噪音污染沒有研究，但出於支持公義，還是誠惶誠恐地答應了下來。

寶樹先生從 2011 年起就關注高雄市噪音污染問題，而噪音污染主要是垃圾車廣播噪音嚴重超標。他 2014 年出書《地球噪音日》；2017 年又出書《噪音聲押匹婆》；今年他的《臺灣環保噪音污染戕害人權兇手》即將出版。超過十年為臺灣噪音污染吶喊，這種與不作為的政府鍥而不捨進行抗爭的精神，令人萬分敬佩。

看寶樹先生的前兩本著作，體會到作者對政府的熱切期待，對改變噪音污染抱有很大的期望。十年期間，寶樹先生二百多次向有關官員上書，而官員的敷衍態度讓寶樹先生人失所望。2016 年寶樹先生也曾為噪音污染上訴法院，而環保局居然以「有 500 多人反映垃圾車聲音太小，要求大聲」為由，拒絕遵守噪音法，在臺灣官員眼中，法律不是用來遵守的，而所謂的「民意」則成為他們藐視法律的遮羞布。

在寶樹先生《臺灣環保噪音污染戕害人權兇手》一書中，我感受到了寶樹先生對不作為的高雄市政府官員的絕望、悲憤

與不甘；而這不甘，正是寶樹先生為治理高雄城市噪音污染繼續吶喊的動力。

在世界範圍內，對城市噪音污染的防治，是任何一座文明城市的重要工作，甚至可以說，能不能有效治理城市噪音污染是一座城市是不是文明的重要標誌之一。人們無法想像，一座現代化的文明城市裡怎麼會有五六十年前才會存在的廣播喇叭帶來的噪音擾民問題，這樣的城市還能稱為現代化文明城市嗎？

怎樣解決垃圾車噪音擾民問題？

美國城市的做法是由政府發放給居民各種顏色的垃圾桶，以做垃圾分類之用。清潔工每周固定一天或兩三天，在規定時間內上門收走垃圾。譬如馬里蘭州某街道，每星期二上午九點垃圾車上門收垃圾，在半小時內陸續來三種垃圾車，第一種收樹葉、樹枝和割下來的草。第二種收廚餘和瓶瓶罐罐，奶瓶、酒瓶必須沖洗乾淨。第三種收廢紙。居民必須按照要求將垃圾分類，事先放在垃圾桶裡，等垃圾車來回收。如果分類不符合要求，垃圾就會留在原地。絕對沒有垃圾車用大喇叭叫喊居民出來倒垃圾的現象。

日本東京的做法是每星期有五天時間，居民在上午 4 點到 9 點的時間內，將分類好的垃圾扔到專門投放垃圾的小房子裡，9 點以後由垃圾車運走。東京政府對居民垃圾分類做了詳細的宣傳，發放指導垃圾分類的小冊子。根本不會有垃圾車的噪音

污染。

上海各區政府在街道旁建造了「生活垃圾分類收集站」，收集站分為四格，分別投放可回收垃圾、有害垃圾、濕垃圾（包括廚餘）、乾垃圾。每個格子裡放有垃圾桶。每天上午 6：30~8：30，晚上 18：00~20：00 是居民扔垃圾的時間，規定扔垃圾的時間結束，垃圾連同垃圾桶馬上被運走。在居民扔垃圾時，旁邊有專人監管指導，保證各種垃圾不會混淆。因此上海不會出現沿街叫賣式收垃圾的噪音。

世界上很多文明城市在治理城市噪音污染方面為臺灣各地政府提供了學習的榜樣。能不能把臺灣的城市建設成真正文明的城市，就看臺灣各地官員在噪音污染方面願不願意付出實際行動！

應寶樹先生的要求，寫下了上面這些話，是為序。

上海退休高中教師

王永安

推薦序 3 一位對人權執著的老師

　　我和王寶樹老師是 30 年前在中正預校共事，離開學校也已經有 26 年了，上星期突然接到王老師來信要我幫他的新書（台灣環保噪音污染戕害人權）寫序，在拜讀大作之後，瞭解他為喚起民眾對垃圾車噪音有害健康的認知和督促政府對噪音汙染環境改善的努力，鍥而不捨的精神，使我回憶起一些在學校的往事，當時預校老師每周有一次莒光日，是觀看節錄部隊莒光日的政令宣導、學校的校務報告和老師們的意見反映，每次一小時，許多老師都不太願意上莒光日，但因行之有年且習以為常，唯獨王老師來校長室建議取消莒光日或改變上課型態。從這段往事可以印證王老師就是這樣一位任事專注、有熱誠、肯付出、願意為公共議題付出的人，後來莒光日會請專家演講、教師電腦進修、教學研討會等方式執行，後來王老師也當選過教師會會長。

　　一般民眾對空氣汙染的感覺和反應比較強烈，而對噪音汙染則不太重視，大家都知道空汙有礙健康，而對噪音危害健康則不自知。在本書第三章噪音有害健康中讀者會豁然察覺到噪音對人體的危害並不亞於空汙。所以，王老師才窮一己之力，不惜斥資購買測試儀器，非常專注地定時定點蒐集數據，經過

整理分析每月製表向相關單位反應，十年內已有 124 次，向政府官員陳情也有 500 餘次，層級上自總統、歷任行政院長、環保署長、高雄市長下至環保清潔隊都有，但都沒有辦法處理，訴諸司法也無濟於事。王老師為了提醒大眾對噪音汙染的重視把這些統計分析的資料及向政府陳情的過程彙整，已出過兩本書，這次是第三本。已往書內插畫都會請人協助，這本書為了使插畫更能貼切作者的想法，竟克服困難學習小畫家畫圖軟體自製部分插圖，可見其毅力及用心。

我是高雄市民住在市區，長年以來對垃圾車定時定點收取垃圾已經習以為常，並沒有特別感覺，但自看過王老師的論述後覺得他表達的的確有其獨到之處，可是屢屢不為政府官員接受，垃圾車或選舉時的宣傳車音量過大的問題也始終未被重視，因此也藉此建議政府官員對民眾正向的反映意見應該重視，縱使不能立刻解決，亦應給予相當的回應，譬如參考王老師的意見研擬近中遠程的規劃，近程可以規定垃圾車、宣傳車音量不得高於環保署取締噪音罰款規定，超過標準則取締並開罰。爾後亦可參考其他先進都市的作法逐步改善市區垃圾清運的問題，若在這方面真的獲得改善，也許高雄市可以成為其他城市的典範。

看完這本書覺得王老師殫精竭慮、苦口婆心為噪音汙染問題投注心力，還懸賞 200 萬元做為獎金，真的非常佩服，希望這本書出版後有更多的大眾朋友瞭解噪音汙染的環保問題，政

府單位也能對噪音汙染更加重視，全力改革。

中正預校退休校長

安家鈺

推薦序 4 是誰執迷不悟？

有唐吉軻德精神的寶樹老師要出第三本書《台灣環保噪音汙染戕害人權》，老朋友聽到，說：「很執迷不悟喔！」但看了他寫的內容，反倒覺得到底是誰執迷不悟啊？

與前面不同的，這本書提到教育和人權，也提到心理學的制約作用，離不開他在教育職場的專業與努力。又提出十個由他出資 200 萬的獎勵辦法，以求環保噪音的改善，展現他關懷社會的堅持。

其中一個獎勵辦法是，垃圾車的司機敢跳脫慣例不播放音樂就有獎勵。我覺得這點不難啊！我們家住屏東市，垃圾車到巷子口的時間猶如公車一樣的固定時間，只要提前去等，就不會錯過；慢來一些，大家也能理解。這些年，大家似乎不太在乎垃圾車是否有播放音樂，尤其住在離回收地點稍遠的我們。的確，時間也可以制約這個行為的反應，而非一定要音樂。

更何況，少女的祈禱、給愛麗絲的音樂這麼美、如此的被垃圾車制約在一起，本來就是很突兀的事。

我和寶樹老師是大學物理系的同班同學，都是合唱團團員，也一起到美和中學教書。我們喜歡和學生打球，也喜歡帶學生唱歌。和諧的歌聲帶領我們追求和諧的人生，因此對噪音特別

敏感，也不能接受。但我和一般人一樣，被高分貝的垃圾車噪音制約久了，像沸水中的青蛙一樣漸漸麻木。只有他獨醒，像唐吉軻德一樣的繼續奮鬥，也捅出官場的種種心態和層層利益結構。

在美和中學時期，為了學生的權益，我們很認真的揭露了伙食弊端；為了學校的發展，我們推動成立高中部自強班，騎機車挨家挨戶的去說服家長。他當訓導主任時，成立學校的籃球隊和童軍團，甚至全國首創的申訴制度。離開美和轉往他校服務時，我們成立愛校獎學金；退休後還把他母親遺產的十萬元捐給學校，美化噴水池周邊的庭園……

若非他的善良和愛心，怎會有這樣的堅持和力道？

我覺得他的夫人陳惟玲老師也很了不起，嫁給他之後就看著我們這位唐吉軻德同學常常為這些社會公益事件橫衝直撞，卻從未聽到她的抱怨。只知道他們夫妻都是監所的教誨志工，都是教會的合唱團員，每年都舉辦的大學班級同學會，她們夫妻都到場，大家歡樂的融合在歌聲裡。

真的，垃圾車可以像公車一樣的無聲出現，我們需要無噪音的這樣生活品質，只要努力，就可以改變這樣的制約，讓市容因安靜而更美，讓「愛麗絲」和「少女」回復原來的動人和嫵媚。主其政者做不到，那真是執迷不悟者太多了！

曾任職內埔農工校長，現任美和中學校長

曾焜宗

推薦序 5 教育，環保與人權的堅持

認識王寶樹老師多年，王老師的太太——惟玲老師是內人的大學同學，因此對於王老師推動環保的決心一直有耳聞，也非常感佩他。三年前，小兒子與王老師的女兒結為連理，成為親家。

何謂「噪音」？王老師以教育的觀點，分別從物理學說、心理學說、法律學說、軍事專家等來解釋噪音的意義，並提出許多的科學證據，說明噪音對人體健康的傷害。人類的聽覺系統具有保護的機制，在受到一定刺激時，會促使人做出保護反應，例如聽到不喜歡的聲音時，會將耳朵遮住，但仍有限制，在長時間且反覆的接觸下，人會逐漸習慣這一類聲音的存在，因此長期下來，噪音會在無形之中會對人的聽覺引發非常大的損傷。此外，噪音也對人的心理層面有負面影響，進而危害生理健康，由心理影響生理，引起高血壓，增加心血管疾病等。噪音更是影響嬰幼兒的成長，有較高的機率產生焦慮、過動、注意力不集中等情形，造成日後孩童在學習與情緒控管方面的困擾。

王老師更從「人權」的立場出發，指出憲法中人民有關於「噪音」的權利與義務，政府機關在執行公務時也應遵守相關

規定，以達到確保人民利益及保護生命安全之目的。環境保護不是打高空而是應以實際行動落實，才符合憲法中規定的自由權，也唯有如此，我們才能有真正的自由。

王老師由「垃圾車的提醒聲音」分貝數過高形成噪音，開始進行一場環保改革運動，提出許多的變革方案供政府機關參考，可惜相關機關似乎未能採納，也導致王老師為力行環境保護而進行司法訴訟，雖然訴訟結果未如理想，但是，他仍繼續堅持，為的是要替大家爭取一個寧靜的環境，建立一個大家所企盼的美好未來，這個過程雖屬不易，但這個精神卻是值得我們感佩的。

國立潮州高中退休校長

陳建蒼

推薦序 6 我們都值得一個更好的城市！

本書作者對於垃圾車長期存在的噪音問題，對市政府提起訴訟，我是他的委任律師，這個判決的字號是高雄高等行政法院 104 年度訴字第 305 號判決，有興趣的讀者可以找來看看。

我因為這個案件與寶樹先生一起經歷了為期一年多的旅程，這個過程包含了證據蒐集、範圍界定、研究各國比較案例，以及法律論述與改進方法的提出，其中也有對政府的建言、有對機關的交涉，有對法院的疾呼，可惜結果都差強人意。

本案訴訟的過程相當曲折，一開始法官對於我們是否有「訴訟權能」有所質疑（是指原告有沒有法律上權利被侵害，法律是否保護原告有提起這個訴求的權利），好不容易說服法官後，緊接著是對於「訴訟聲明」範圍的爭執；接續著還有證據認定的問題：法院認為寶樹先生提出的噪音數據量測無法作為證據使用，因為這是由原告方片面提出，所以我們提出由客觀公正的第三機構作為鑑定單位的調查方式。

但這裡就面臨兩個難題：一是大部分關於噪音案件，會請官方（也就是地方環保局）作為量測的鑑定機關，但這個案件中地方環保局正是我們提告的對象，然而在地的其他民間量測機構不見得願意接這個案件（因為環保局可能是他們的主管機

關，或有業務往來的可能性）；另一個問題更大的問題在於：即使有民間量測機構願意承接這個案件，被告方環保局在知道量測時間後（因為鑑定程序需要保障兩方當事人在場與陳述的權利），垃圾車經過寶樹先生家時，都刻意降低音量甚至關閉音樂，離開後才又恢復原本超過噪音管制法規定的分貝標準，所以即使被告環保局實際上持續有噪音的違規，仍可以透過這種「作弊」的方式規避真實的鑑定結果。在我們提出鑑定主張後，地方環保局就開始採行這樣的作法，迫使我們最後無法提出有效的鑑定結果。

案件進行到後期，法院其實很清楚被告環保局的音樂播放確實持續超過噪音管制標準許多，也肯認我們提出的諸多改善或配套手段值得參考，甚至在開庭時明確對環保局提出質疑：「難道你們超過標準值那麼多都無法改善嗎？」環保局甚至在回覆中也自認確實有此情形，卻主張基於長期慣例與民眾需求，短時間無法改變，未來會慢慢檢討改進……即使被告已明確承認其違法情形，法院也在開庭時當場勘驗現場錄音的光碟，但最後我們仍舊得到敗訴的結果，判決主要的理由是原告沒有辦法證明被告的音樂播放有超過噪音管制標準。

我與寶樹先生第一次見面時，對他的印象是敦厚善良，像個教育家（確實也是）；到了案件中期感受到的是他的果敢執著，像個革命家；而案件結束至今，我認為對他最適合的形容是愚公移山，像個付諸行動的夢想家。而這個夢想，就是「我們都

值得一個更好的城市！」

　　寶樹先生的這本書，不是他對於噪音議題的起點，顯然也不會是終點，裡頭所提關於其量測的數據，雖然無法在法律上作為證據，但卻可以留下讓人觀察省思的軌跡。

　　即使最後判決結果不如預期，不過這一場戰役我們都認為沒有白費。夢想家是不會因為一時的受挫而停下腳步的，愚公終究移得了山！本書即是寶樹先生將對判決的遺憾化成的下個希望，但願在未來某天能夠如願綻放。

律師

李荃和

目　次

有意參加改革者請加入 fb 無噪音環境聯盟或王寶樹 fb，
或來信 83099 鳳山新富郵局第 172 號信箱　王寶樹先生 收
或 e-mail：baoshu@seed.net.tw
改革成功者依約定領取獎金，最高金額 200 萬台幣。
兩岸統一是歷史的必然，2030 年之前一定完成。
高科技環保改革必定在台灣發揚光大。例如：
2 年內完成用廢墟學校或軍營蓋第四代小核能電廠。
2 年內氫能與電動車取代燃油車，無空汙無噪汙。
3 年內燃煤、油、氣等發電量降到 8%，減碳。
3 個月內消滅垃圾車噪音，人臉辨識、App 及全天候自駕垃圾
車，上海高科技的加強版，讓人民見識新政府高科技的環保政
策。
新政府的親民愛民政策會從環保人權開始，大家拭目以待。

前言　台灣噪音國際醜名，誰該負責？

　　有人說漫畫中的二位該負全責？

　　應該說它們沒有慈悲善心，不想改革噪音污染，他們手下環保署長及高雄市長則是無能，共犯結構，人權殺手。

　　一大群病人經常疼痛，醫生每天照三餐給病人服用【鴉片類止痛藥（opioid analgesics）】，止住疼痛卻讓病患成癮。

　　沒有鴉片止痛，病人六神無主。

病人有獲得健康人權嗎？

一大群人為垃圾疼痛，環保局每天照三餐給人民服用

【噪音鴉片 Noise opium】，止住垃圾卻讓人民噪音成癮。

沒有【噪音鴉片】，人民不會倒垃圾。

人民有獲得健康人權嗎？環保教育內化了嗎？

我不懂法律，但是，我懂是非，噪音就是非法。

我不懂政治，但是，我懂善惡，噪音傷人就是惡。

我不是警察，但是，我知道妨害別人自由行動的人，絕非善類。

我看不懂法院判決書。但是，我知道善良與正義的主張輸了。

我是老師，我重視學生教育，更重視學生的平安。

但是，我知道政府縱容噪音汙染，沒有保護學生平安。

我是老師，我知道噪音不該干擾學生，不該影響學生的成長。

但是，我知道學生每天被噪音騷擾，政客對此無感。

教了一輩子的書，除了禮義廉恥之外，我不懂的地方太多了。

匯集不懂之處，釀成寫書的養分，這本書能完成寫作，感謝這些讓我不懂的人，活的教材，世人引以為戒，謝謝你們。

我曾經相信過司法，那是 2016 年 1 月 6 日到 2017 年 5 月

9 日的事。

自從 2017 年 6 月 23 日一審判決後，開始失望。

直到 2019 年 11 月 27 日二審判決後，徹底失望。

只想問一句，違法噪音消失了嗎？噪音是善事嗎？

又問一句，人民追求健康人權錯了嗎？

再問一句，人民追求自由人權錯了嗎？

法官站在善良一邊？邪惡一方？

所有人都知道垃圾車擴音器放出噪音，法官不知？很奇怪！

我不懂政治，但是，我知道管噪音汙染的高官行屍走肉。

我不懂邪惡，但是，我有筆，可以記錄他們的邪惡歷史。

2008 年開始陳情政府改善噪音，2021 年仍然噪音滿天飛，14 個年頭下來，噪音汙染損害人權，那個官員要負責？

筆者沉痛地說【執政者該負最大責任，如果不能負責的話，請做有機物回收吧】。

護健康人權，婚宴喜慶禁酒，人民願意配合法令。

護健康人權，人民準時等候垃圾車，卻要強忍噪音攻擊，不守法的噪音卻強逼人民配合，帶走垃圾留下噪音，反而危害健康人權。

噪音對人體有害且又觸犯法律，人民當然有抗議的理由，但是五眼聯盟卻視改革噪音者為刁民。

明明知道鴉片有毒，強迫人民吃，否則抓人！這就是五眼

聯盟。

明明知道噪音有毒，強迫人民聽，否則抓人！ 這就是五眼聯盟。

1840 年【鴉片毒癮】（Opiate addiction）兇手是英國。

2021 年【鴉片噪音】（Opium noise）兇手是環保署。

政府抓酒駕賺錢，抓噪音沒錢，州官執政放火只為錢，藐視法律之人會被摸頭 18 次，植髮 180 次，拉肚子 1800 次。

政府噪音對人民有如「性騷擾」，有詩為證

豬狗鴨貓閹雞叫，照著三餐勤騷擾，

臥室餐廳全照顧，公園狗屎保險套，

菸頭檳榔湊熱鬧，人與人要聯結到，

垃圾噪音愛咆哮，政治廣播官員笑。

2005 年針對垃圾車噪音汙染之事，陳情當時的鳳山市長林三郎，有處理但失敗。2008 年又陳情鳳山市長許智傑（現任立委），有處理也不成功，2014 年~2015 年陳情許智傑立委前後 8 封信，沒有處理。高雄縣市合併後，2011 年陳情給陳菊，情況反而更惡化，垃圾車多了市長政令宣導噪音，天啦！政治語言上天下地無所不在，成了市長噪音鴉片【Mayor Noise Opium】，政治噪音嚴重干擾自由人權。

台灣政府官員素質

買美國毒萊豬，示愛美國，犧牲台灣人健康人權

買日本毒核食，勾引日本，犧牲台灣人健康人權

官員啊！小三倒貼帥哥能夠提高身分地位？

高市新聞局薇閣化，可以提升國際知名度？

垃圾車每天放音樂，可以提升高雄音樂水準國際化？

歐美及世界先進國家不用噪音收垃圾，他們明白這種傷害人民健康人權的事不能做，台灣科技王國卻也是噪音王國。注意！垃圾車傷害的對象是台灣人，不道德的行政，不該實施。政客們只要坐在這個位子上就會如此失格？懇請王建煊先生好好教育他們吧。

不是天天在吵 WHO 欺負台灣嗎？台灣做的好何必怕別人欺負。台灣噪音天天傷害健康人權是事實，非要外國指著鼻子罵才要改革嗎？

高雄市長 14 年來給人民的感覺

1. 全是聾瞎一族，不想聽、不願看，不肯改革，素質相當。

2. 電腦、電子信箱、陳情信、副本、照相、錄影全做齊了。

老大說：「菊花不會變梅花，噪音不是老鷹，吃不了人。」

老二說：「窮老師窮選票，別當真，玩不了多久。」

3. 有實力的樁腳最重要，如果黑道樁腳反對噪音，或是噪音能像新聞局薇閣化般提出討論，市長早就解決了。

4. 市長不分藍綠，共同賣點就是【爛】，【橘子爛了可施肥，梅花謝了變土壤，GG 壞了很難幹，火鷄正支客比爛】。

【爛政客】門聯有詩為證

爛者火闌也；政者文攵也；客者房中彼此擺爛也

14 年來政府噪音工程，請看下列章節

一、民意代表【有夠爛】笑笑看

二、環保團體【有夠假】隨便看

三、政府高官【有夠賤】請看第 1~7 章

閱讀此書注意參考事項

四、司法人員【有夠綠】請看第 6 章

五、媒體記者【有夠懶】青菜看

六、人權鬥士【真好笑】蘿蔔看

七、改革辦法【不稀罕】仔細看　補記第 8 章

八、熱心捐款【不敢看】用心看　補記第 8 章

筆者意外收獲

1. 智慧手機及電腦的能力增加。

例如：照相、錄影、截圖、fb、twitter、Line、App 等運用。

2. 電腦畫圖從無到有，強逼自己學習，小畫家的畫圖軟體原來是這麼可愛，書本中插圖許多是自己努力的成果展。

（特別感謝愛幫社團的關心，尤其是明辰老師的插畫幫忙，另外感謝劉家瑩小姐的幫忙，畫出了筆者內心的期許。）

3. 見識到法院的權威，法官的功力，判決的速度，訴訟的用語，應證了【看不懂】的法律判決文。正因為如此，法律釋憲不該存幻想，金錢訴訟肉包打狗有去無回，2018 年起準備寫此書了。

4. 明白專家學者【說的比唱的好聽】，【說一套、做一套】勿當真，人嘴二張皮，聽聽就好，萬事莫如錢最好，狗屁名嘴瞎值高。

5. 為了畫插圖，老花眼的度數增加了不少，筆者努力畫畫，我要很大聲驕傲地說：我不怕小畫家了！

結論

台灣【自由偷人權，民主搶金錢】，認命嗎？

假借自由噪音收垃圾，偷走人民健康人權，搶走人民自由散步人權。

健康人權被政客糟蹋，有些悲哀！

必須點名總統、行政院長、環保署長、高雄市長及環保局長五眼聯盟，行政怠惰，說句這五位職務上的官員不想聽的話，你們故意裝聾作啞，規避責任，實乃健康人權最大傷害者。

「你在找什麼？你在等什麼？」我在等【無眼聯盟】變【有眼聯盟】，200 萬元買到健康人權，買到社會良心。發揮人的正向能量吧！

五眼掌權，為何對改革噪音汙染要縮頭？

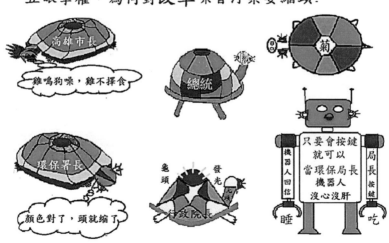

本書特色

許多圖畫是用小畫家軟體畫出，色彩艷麗是重點。

眼睛：畫中高官人物有眼無珠，無視人民健康人權。

鼻：豬鼻造型，仿萊豬有毒，鼻孔大表示對健康人權嗤之以鼻。

耳：科技耳多監聽人民，無視噪音汙染，稱之為科技【痔國】。

書本用圖像重點標示，願讀者一目了然，只為台灣人權。

全世界任何國家都會主動出錢出力，幫人民解決健康人權問題。

台灣剛好相反，人民出錢拜託政府解決健康人權，很奇怪，政府居然不敢要筆者送錢的要求。

高雄市下令【不予處理垃圾車噪音】公文如下：

污染者名稱：高雄市垃圾車噪音

受理日期：1100304　案件編號：46071210-000

污染者地點：高雄市南鳳山區高雄市垃圾車噪音

辦理單位：高雄市

陳情項目：噪音_擴音設備

陳情污染時段：噪音_擴音設備

處理情形：經稽查後建議列為不予處理案件

有關您於 110 年 02 月 01 日「垃圾車音量」一案，經 109 年 10 月 30 日（文號：10943499800）簽奉首長核准不予處理

　　　　高雄市政府環境保護局　局長　張瑞琿　敬上

　　本信件由系統發送，請勿直接回覆，謝謝！

連絡資訊：電話：07-7317600

地址：高雄市鳥松區澄清路 834 號

不處理三要件

　　【用<u>假名</u>且內容<u>造假不實</u>、<u>不合理要求</u>、陳情單位<u>太多</u>、<u>陳情太久</u>且<u>非主管理單位</u>。】

　　人民陳情 10 年，果然<u>太久</u>，陳情 128 封信給高雄市長，應該<u>太多</u>。

（A）全部錄影，<u>真姓名</u>陳情，哪來的<u>造假不實</u>。

（B）為人民請求健康人權，<u>不合理要求</u>嗎？

（C）高雄市長（管理高雄市環保局），<u>非直屬管理環保單位</u>？

　　行政院長（管理環保署），<u>非直屬管理環保單位</u>？

　　環保署長（管理高雄市環保局），<u>非直屬管理環保單位</u>？

　　總統（管理行政院），<u>非直屬管理環保單位</u>？

請告訴人民，誰是直接主管單位？該寫給誰？

　　重點是噪音仍然存在，叫人民閉嘴，叫人民不准陳情，合理嗎？

　　人民捐款 200 萬元，請求共同改革噪音，為何不要？

把不改革垃圾官員消毒後做有機物回收吧！

　　特別感謝四位校長、上海高中教師及律師們幫忙寫序，更要感謝耶書口中的小兄弟，主動義務幫忙書本插畫，這些義舉善行天主都知道，願天主的恩典賜福滿滿直到永遠。

第一章　高貴的職務，低賤的人才，可惜！

美和中學創辦人徐傍興博士說：

「學生有權利提出任何問題，解決問題是老師與校長的問題。解決不了是老師與校長的能力問題，不能敷衍蒙混。」

本人指出噪音汙染問題，也提供改革辦法，更提供 200 萬元改善方案，14 年來沒有任何改革，是誰的問題？

總統、行政院長、環保署長、高雄市長及環保局長，這五種執政者權柄重大稱【五眼聯盟】，可以管人生死。換句話說，這些職權能使台灣健康與自由人權昇華或沉淪。

很不幸的，經過 10 年來的懇求陳情經驗，證明這五種單位主管極其墮落，讓台灣的噪音汙染淪落到印度等級的吵雜，這五個單位稱之為【五眼聯盟】，用眼觀察用心體會健康人權，想不到這些人眼盲耳背，變成【無眼聯盟】的環保之賊，此書記載，望他日任此職務者戒之，務必要以蒼生健康人權為念，落實自由人權。

台灣環保人權【真相】

台灣垃圾車噪音汙染超過 20 年，因時空背景不同，當時的

環境比較沒有健康人權的概念，也缺乏噪音汙染的常識，手機也沒有發明。隨著環保觀念及人權的成長，配合高科技及與世界接軌的發展，筆者反映陳情改善是最近 10 年的事，科技進步神速，過去沿街叫喊收垃圾的方式也該淘汰改進吧，在此做個簡單分析。

台灣的噪音污染為何原地踏步不求改善

一、曲解音樂教育，嚴重的自卑轉為自戀與自狂。政客及部分環保人士掩飾自己的音樂素養差，誤認播放少女的祈禱與愛麗絲音樂就是高尚有音樂水準的台灣人，他們用外國音樂洋洋得意，反而責怪台灣人沒有音樂素養。如果這是音樂教育的話，為何獨鍾歐美鋼琴，為何不播放國樂、交響樂呢？看看歐美國家會強制播放音樂教育民眾？

二、【五眼聯盟】是噪音管制法的直接行政首長，無視無聽噪音又不執法的長官，使台灣成為世界除印度之外唯二的噪音收垃圾政府，改革噪音不能為台灣帶來億萬財富，財團利益有限，五位首長無意願改變。

三、政治凌駕一切，共生共腐，改革難啊！

2013 年環保署 3 次派員來高雄測量稽查，公文均證明高雄市鳳山區垃圾車擴音器音量超過噪音法定標準，強力要求高雄

市改善。雖然如此，高雄市均不理睬，並回應【各縣市均如此】推諉責任，顯示地方諸侯霸權。

一堆廢物，沒有任何縣市長敢說：

【從我的縣市改革開始，要各縣市向我學習】

環保署官員無奈表示，中央無權處罰高雄市，而且沒有辦法用中央補助款威脅改善，怕落入藍綠鬥爭口實，只好犧牲人民健康人權了。

當時市長陳菊（民進黨），環保署長沈世宏（國民黨），就因為藍綠政治而犧牲環保噪音改革。受害的是高雄市民啊！

2016年政黨輪替，環保署長李應元8月5日派員到鳳山實際測量，再度證明垃圾車噪音違法，並行文高雄市改善噪音，奈何陳菊勢力龐大，環保署公文形同廢紙，為何如此？全是綠色執政為何仍然不改革呢？應該是擴音器有助於選舉制約，而且法院缺道德勇氣，助長了行政妖氣。於是【各縣市諸侯均如此】，從此以後環保署變成環保麻糬了。

四、韓國瑜的角色與真面目

我不認識韓國瑜，我的朋友倒是與韓國瑜有數面之緣。2017年9月韓先生任職高雄國民黨主委，入住建國一路破舊黨部辦公室，我隨即寫了一封高雄人需要未來市長解救噪音汙染的信，不到3天鳳山黨部主委打電話熱心關切，【非常支持改革，但無權作決策】，燃起了改革希望。

　　我決定支持韓國瑜選高雄市長，捐款帳號公布後立即開始每月 1000 元捐款，捐款單都會寫上【改革噪音汙染，維護健康人權】12 個字，持續半年之久，後因捐款人數太多而停止。

　　但是，韓市長當選後半年內未能改革噪音汙染，韓市長因而被本人在 fb 上求償 6000 元捐款（因為捐款單有註明改革噪音用途）。

　　韓國瑜當選市長之後確實很努力，獲得市民肯定，但是對噪音汙染之事卻不在乎，3 個月內寫了 10 封信給市長及其朋友，也寫信給韓夫人（寄到雲林維多利亞學校），都沒有改善，筆者屏東好友說：

　　「高雄市百廢待舉，再給他 3 個月改革吧」，就這樣半年不見改革噪音，很不巧的罷韓行動限制韓市長的所有規劃，高雄人真命苦。

　　韓國瑜如果不被罷免，高雄市噪音汙染會改革嗎？無法證明，但是陳其邁當選絕對不會改革，因為他不敢超越陳菊，陳菊不敢改革噪音汙染一定有不可告人的祕密，陳其邁是缺乏理念之人。

　　筆者身為高雄人，陳菊做得好壞大家看的到，負債 3000 億高雄人皆知，坑洞比青春痘還多不用描述，氣爆代位求償一團糟（法院判決高雄市政府有錯，該賠償受害人，但是災民無法求償）。韓國瑜來高雄做市長，老實說，比陳菊好太多了（噪音污染除外）。

五、值得一提的事「環保署副署長詹順貴」，號稱「環保、人權律師」，筆者認為號稱有些離譜，政治酬庸比較實在。

筆者寫過 39 封信求他改革，沒有任何回應，如果真的是環保人權律師（又是環保副署長），改革噪音是錯誤的環保要求嗎？

為人權說句話，有困難嗎？

六、更教人擔憂的事，法官墮落使政客更囂張。

噪音汙染事件告上法院，法官的名言：【環保署的測量噪音證明不能代表高雄市垃圾車的噪音每天存在，既使今天有噪音也不能證明明天有噪音】法官住在隔音室嗎？

【甲每天性侵別人 10 年，不能證明甲明天會性侵別人。】

噪音天天存在，只有法官不知道。由於法官自廢武功（可能是政治討好吧！），高雄市長有恃無恐，噪音惡霸至今仍不改革。

七、環保團體的不在乎

筆者曾寫信給高雄某環保團體董事長，該董事長稱對噪音非其專長且家有老母要照顧，無意參與。一位全國某環保董事長說：【我贊成預防重於治療，減少噪音就是預防耳朵失聰。】

之後就沒有消息。至於寫給詹順貴環保人權律師 39 封信，

沒有任何回應也就不足為奇了。

為何如此，筆者認為此議題難以獲得媒體版面，投資報酬率差，噪音不改革也不會死人，環保團體也不想得罪大官吧。

八、民意代表無利可圖

立委、市議員考量新聞版面、金錢誘惑、選票多寡、政黨利益條件下才會接受人民陳情。噪音汙染司空見慣不具任何選舉加分，CP 值低，不用理會。

本人發現噪音汙染改革無法包工程賺差價，鸚鵡性格鬼叫者眾多，真正的健康人權改革，避之唯恐不及。

很諷刺的是，許多民代自稱環保立委、環保議員、環保律師等，這些虛偽誇張的頭銜不害臊嗎？

兩位綠色不分區立委號稱環保立委，完全不用花錢選舉，應該有義務關注噪音污染問題，本人寫了 25 封陳情信函拜託 2 位綠色和平出生不分區立委，請他們幫忙監督政府噪音改革，很奇怪，完全沒有回應，這就是不分區立委的專業？

不知余宛如、陳曼麗二位小姐近來耳朵好嗎？

劉世芳立委前高雄副市長，自稱環保副市長，滿口愛心熱衷環保，本人寫了 27 封信請求改革噪音汙染，沒有任何回信（與慶富哥熟悉嗎？）

如果 3000 萬元用在改善噪音污染，高雄市民健康人權保證提升。

　　劉世芳小姐怎麼花錢是她的自由，筆者沒意見。但是，曾經是高雄副市長的她，對高雄市的環保人權本來就有責任改進，因此筆者對 3000 萬元就表示這位小姐【錢用錯地方】。

誰出線會使人民獲得健康人權？

誰該為噪音汙染負責？

老師？

【愛心、守法、健康與自由人權、不貪污】老師全都有教，只是學生不受教，不能怪老師。

法官？

【獨立良心判案】眾所皆知，政治投機乃人性，莫怪！

環保人士？

各有嗜好不能強求，噪音污染對某些環保人士而言並非亟需改革案件，況且無名利可圖，莫強求。

民意代表？

改革噪音汙染無利可圖？無選票幫助？全擱置吧，莫強求。

例如高雄瑞隆路某幼稚園校門口沒有紅綠燈，車禍頻繁，為保護幼兒上下學平安，10多年來找過交通局、市議員尋求設立紅綠燈，沒有結果。

2021年1月交通局突然要設立紅綠燈。有位12年資深市議員為此邀功，筆者想問【家居附近12年來人民陳情為何不改善？何況議員服務處就在附近，早該知道交通危險吧！多少交通冤魂該找誰申訴啊！】可能選舉到了吧！

時代力量陳惠敏選立委，熱心噪音改革。

筆者在fb上留言。

【何謂理想？何謂服務？看看時力她們關心環保健康人權

的 mail 信函，教人動容。】

王老師：

　　我明天會和黨團的助理討論處理方式。至少我們會在預算審查過程裡要求放入調查、評估及改善計劃。容我之後再向您報告。謝謝。

陳惠敏 2019.11.2

　　落選後，哈哈！一切回到原點，與政黨無關吧！莫強求。

　　君無心、相無恥、臣無骨、社會失人權。

　　君做假、相做法、臣做瞎、不做賊也難。

　　賊者敗也，毀則，壞法也。

　　賊愛其身不愛人，賊以偷竊利其身。

　　總統、行政院長、環保署長、高雄市長及環保局長等五眼聯盟，身在官門不修行，高學歷低道德，雖然有人學歷存疑（以 40 年前的標準來看，絕對有資格稱之為高學歷），有何用？

　　藐視人權就是壞法，德之賊也。

　　正因為賊官怠惰，其養分提供成為本書的土壤，他們堅持毀滅健康及自由人權，稱無錢又無人改革，本人 200 萬元的懸賞金與 App 人才提供，幫助改善噪音污染，直到台灣人民健康與自由人權獲得保障為止。

我最大，阿斗笑了

蔡頭困擾多，博士學位惑，論文列機密，噪音會甩鍋。

蘇光頭野蠻，欺騙神明狂，萊豬味道香，噪音不想管。

菊花體積胖，噪音吃像幹，欠債三千億，留給後人還。

張子敬人樣，當官人民養，裝聾作啞會，噪音不會斷。

陳其邁雞霸，五四零八八，立院名言榜，噪音愛稱霸。

張瑞琿回函，內容機器化，典型打混兄，公務員典範。

為何要寫此書？

因為要揭露混吃等死的官員。

天龍國的薪資，地鼠國的能力，阿斗笑了

因為官員口是心非。

因為官員不講健康人權。

因為官員帶頭違法。

因為官員心中沒有人民。

因為官員裝聾作啞，只想當官。

只為告訴官員，擁金權失靈魂，沒有尊嚴。

單單一封陳情信，10 年沒用心處理。

小小一件噪音事，10 年會束手無策。

看看筆者的陳情信即可明白【當官真容易，吃喝拉撒睡】

其實陳情 1000 封信與陳情 1 封信有何差別，全是牛 B。

蘇貞昌行政院長好：新年快樂信 001

　　高雄以前少女祈禱後有豬之呻吟，現在則是閹雞亂啼，這些噪音污染是人則會改革，是鬼則拒絕改善，做人或鬼您自己決定。

　　2021 年環保署「聲音照相」取締噪音規定 【道路速限50Km/h，上限 86dB，道路速限 70Km/h，上限 90dB】，高雄垃圾車白天或夜晚平均值爲 94.8dB，請依法取締。

　　補助垃圾車噪音改革 200 萬元案，若院長有意改革噪音汙染的話，請來信索取。

　　祝　健康與自由人權萬歲

　　　　　　　　　　　　　　王寶樹敬上 2021.3.2

　　陳情信有人看嗎？

　　親愛的五眼聯盟大家好：信 002

　　先向各位拜年，新年快樂。

　　一封信五人看等於無人看。

　　總統、行政院長、環保署長、高雄市長、環保局長等 5 人因噪音汙染健康人權，歷史永留賊名【五眼與無眼同黑】。

　　陳情噪音資料 10 年大數據，黃金般珍貴，送給五眼聯盟，彷彿丟入糞坑。

　　天龍國的薪資，地鼠國的能力，阿斗笑了。

5 個賴皮鬼，無賴到人民要捐款 200 萬的信都不敢回應，怕什麼？

為人民求健康人權，拜託！簡此　即祝

平安　健康　自由　喜樂

王寶樹 敬上 2021.2.1 於鳳山

親愛的詹順貴副署長及環保人權大律師（39 封）：信 003

您好（1042 天）大律師，錢該用在改善人民健康基本人權。

高雄市 103 年~107 年，公車肇事死亡 4 人（非司機）。

勞動部 101 年~107 年，清潔人員因執行職務發生重大職業災害共計 13 件，造成 13 人死亡（清潔人員）。

公車數量及執行公務時間是垃圾車的 800 倍以上，死亡率是垃圾車 80 分之一。

全國垃圾車沿線收運，清潔員一天一個作業要上下車三、四百次。民國 90 年~100 年清潔隊員受傷 6692 人、死亡 161 人。

亦即 10 年來平均每個月有 1.3 位清潔隊員殉職。

蘇家源說：「這不是政策殺人，什麼是政策殺人？」

清潔員最怕機車衝過來倒垃圾，更怕站在車門外，為何不用定時定點收垃圾？

簡此　即祝　平安　健康　自由　喜樂

寶樹 敬上 108.12.1

心得分享

陳情 10 年之久，陳情過總統府、行政院、監察院、立法院、立委、高雄市長（133 封信）、6 個縣市長、高雄市議長、議員、環保署（132 封信），整理出下列心得。

一、環保律師、人權立委、人民總統、愛心院長、服務議員等，這些名稱漏列【黃金與詐騙】二字。

二、打太極拳

所有長官把責任全推給高雄市，好像其他縣市都沒有發生噪音汙染之事。

三、回復文章統一格式，例如：回覆陳情信常見語言要求司機放【適當音量】，狡猾逃避責任法。

一群廢人，沒有任何縣市長敢說：

【我要求音量遵守法律規定 57 分貝上限】

【我不懂<u>適當音量</u>】，我只知道【法律允許音量】。

【各縣市均如此播放】，一堆廢物，犯罪合理化。

【方便民眾】，愚民洗腦制約宣傳語言。

【中央沒有要求遵守噪音法】，犯賤的甩鍋語言。

一群笨蛋，【中央有說可以不遵守噪音法嗎？】

一堆爛人共同表達【對於噪音違法之事絕口不提。】

四、改革方法裝聾作啞

本人先後提出 15 種改革方法，長官們訓練有素的視而不見，200 萬元獎勵金也不敢提，好歹也該說聲謝謝吧！居然都

不敢說。

　　五、立委、議員、政黨主席及名嘴等都不敢處哩，全都裝啞巴。（因為許多樁腳反對，民代惹不起）

　　六、法官為何沒有正義勇氣，唯一的理由應該是陳菊勢力太大吧！（請參考法院開庭第七與第八次的改變，原因不明）

　　有一首歌可以代表政客們的嘴臉

傻瓜訴情／陶大偉

不改變　　他一直不改變不改變　　他就是不改變

不改變　　他還是不改變原來他耳朵長了一個繭

不改變　　他仍然不改變不改變　　他總是不改變

不改變　　他永遠不改變原來他根本就是不要臉

2014年6月派報3000張懸賞

懸賞改革不是作秀，8年前就是如此。

台灣民主法治的悲歌

聲啞毀法治；噪音毀人權

儘管政府裝聾作啞

無法冰冷人民追求人權的熱火

而總統對健康人權的冷漠更勝過刺骨北風

台灣所有環境汙染全來自於政府的冷漠

烏龜唱少女的祈禱（改編：我家門前有小河）

我家門前有公園，後面有學校，

學校裡面綠地多，讀書聲音多，

學校外，噪音多，每天定時播，

擴音器響，烏龜聽了，昂龜頭唱歌。

烏龜官員縮頭環保？　烏龜環保縮頭官員？

官員烏龜環保縮頭？　官員縮頭環保烏龜？

【異性、黃金、群眾、噪音】興奮使龜頭高舉

　　頭分為白頭、光頭（又稱滑頭）、黑頭、油頭、豬頭、怪頭、老頭、姘頭、鬼頭、小頭、大頭、龜頭、饅頭等。

　　當大官的絕大多數是老頭，俗稱滑頭烏龜，合理懷疑川普、拜登二位老頭戴假髮。

　　台灣龜頭的觀察，有詩為證。

　　東宮戲少女，西宮厚太監，南宮欠香茶，北宮靠奉獻。

　　東南西北宮，光頭真滑頭，唯有法律賤，全靠烏龜鏈。

　　台灣人權真相，有詩為證。

　　民主像吵架，法治看笑話；環保靠敷衍，健康人權差。

噪音基本法，殭屍像吊掛；五眼聯盟吃，聾瞎不像話。

基本人權哇，吹牛説大話；噪音污染有，處理當廢話。

噪音天天吵，龜頭頻叫好，龜兒老又滑，老牛吃嫩草。

陳情十年信，處理烏龜慢，龜頭屢叫屈，人權成傻B。

大傻瓜郭台銘，捐50億元疫苗，大格局擋人財路！

小傻瓜王寶樹，捐200萬元獎金，大方向誘導改革！

人民大格局、大方向、捍衛健康人權！

政府大政治？大煙霧？誰在乎健康人權！

第二章　烏龜篇

人民像烏龜
慢慢努力陳情

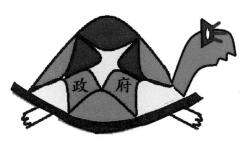

政府改革
比烏龜還慢

縮頭烏龜，外殼光鮮亮麗，裡面烏七八黑

烏龜行政，無眼專長， 200 萬捐款沒膽回應

乾隆皇帝說：不聾不瞎，不能當家

五眼聯盟說：又聾又瞎，就是哀家

【聾飛瞎舞，醉雞酒醉 群魔妖舞，紀錄篇】

一、2020 年高雄垃圾車噪音英雄榜　製表人：王寶樹

龍在華航菸茫茫，噪音堪比秦始皇，洋菸入朕口，府庫保平安 四大傑出官員：蔡英文、蘇貞昌、張子敬、陳其邁						
編號	2020 月/日	時間	地點 高雄市	Lmax （dB）	Leq （dB）	錄影 編號
A3080	1/3	19：55	新昌街	94.1	89.67	591
◎A3082	1/6	19：45	苓雅區同慶路 94 號	96.1	94.70	593
A3095	2/3	16：20	公正路 253 號	94.4	92.98	606
A3123	4/7	19：48	新昌街 30 號	91.8	87.95	634
A3141	5/21	19：35	7 樓臥室	88.1	85.04	652
A3145	6/1	19：37	7 樓臥室	88.8	86.24	656
A3149	6/6	19：35	7 樓臥室	89.2	85.40	660
◎A3152	6/11	19：32	7 樓臥室	91.1	84.35	663
◎A3165	7/10	19：29	10 樓臥室	84.7	80.78	676
A3169	7/24	19：31	7 樓臥室	88.5	82.91	680
A3170	7/27	19：35	7 樓臥室	87.6	84.66	681
A3192	9/12	19：48	新昌街 66 號	95.9	93.51	703
A3229	12/4	16：17	芯瑜幼兒園	94.7	93.36	740

2020 年噪音績優股

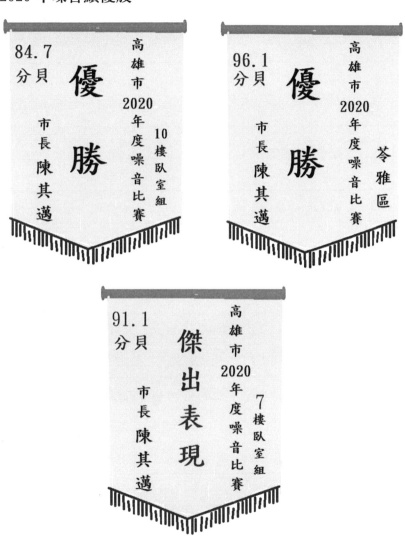

二、2019 年高雄垃圾車噪音英雄榜　製表人：王寶樹

	2019		地點	Lmax	Leq	錄影
編號	月/日	時間	高雄市	（dB）	（dB）	編號
A2905	1/3	16：28	鳳山區公所東邊	95.1	92.65	416
A2931	2/14	16：17	文化中心南側	94.4	91.27	442
A2932	2/18	16：16	南福街 154 號	98.6	95.2	443
A2935	3/1	20：21	南京路 393 巷 7 號	93.7	91.58	446
◎A2948	3/23	20：21	南京路 393 巷 7 號	103.3	97.22	459
A2952	4/1	16：29	海洋里活動中心	98.4	93.01	463
A2961	4/15	16：16	宏恩眼鏡前	97.8	95.63	472
A2973	5/9	16：13	南福街 150 號	94.7	92.02	484
A2974	5/9	16：26	海洋里活動中心	94.2	92.71	485
A2982	6/3	16：15	南福街 146 號	95.6	92.66	493
A2994	6/21	16：19	民生二路 139 號	98.8	95.96	505
◎A2999	7/4	16：13	南福街 154 號	101.9	91.66	510
A3013	8/12	16：24	海洋里活動中心	97.2	92.38	524

蝦兵蟹將多，飲食吃大鍋，若要人權好，瞎掰最炸鍋

四大優勝官員：蔡英文、蘇貞昌、張子敬、韓國瑜

◎A3023	9/9	19：40	七樓臥室	91.8	84.83	534
A3050	11/7	16：17	南福街 178 號	96.4	93.26	561
A3068	12/9	16：20	南福街 184 號	93.1	90.84	579

2019 年噪音績優股

三、2018 年高雄垃圾車噪音英雄榜　製表人：王寶樹

編號	2018 月/日	時間	地點 高雄市	Lmax （dB）	Leq （dB）	錄影 編號
權力使人醉，鑽石叫人跪，若為大位求，千杯千杯再千杯 四大謙卑集團：蔡英文、賴清德、李應元、陳菊【謙卑不醉】						
◎A2736	2/1	19：38	7 樓廚房	88.2	80.35	250
A2748	3/20	16：13	南福街 154 號	97.6	94.79	262
A2754	3/29	17：22	家樂福 3 樓	96.6	90.91	268
A2761	4/9	16：10	南福街 154 號	93.6	92.06	274
A2775	5/4	20：29	韓台基診所	94	92.85	287
A2791	6/4	20：17	華興街 37 號	95.6	94.59	303
◎A2794	6/11	16：21	南福街 154 號	100.5	92.29	306
A2808	7/10	16：15	南福街 154 號	97.3	93.35	320
◎A2820	8/3	16：15	南福街 154 號	102.7	95.04	332
A2829	8/16	16：17	瑞隆路 224 號	94.2	92.7	340
A2852	9/20	22：08	三多一路 147 號	92.5	91.38	363
A2855	10/1	19：06	中華 4 路 123 號	95.9	92.75	366
A2858	10/5	16：34	武慶 1 路 1 號	97.1	94.63	369
A2864	10/23	16：15	南福街 154 巷	97	95.08	375

| A2879 | 11/19 | 16：15 | 南福街 154 巷 | 99.2 | 95.11 | 390 |
| A2892 | 12/11 | 19：31 | 雷洛瓦前 | 98.5 | 93.38 | 403 |

四、2017 年高雄垃圾車噪音英雄榜　製表人：王寶樹

酒逢知己千杯少，話不投機半句多，菊花英文配，喝酒！喝酒！

四大酒酣耳鳴官人：蔡英文、賴清德、李應元、陳菊

編號	2017 月/日	時間	地點 高雄市	Lmax （dB）	Leq （dB）	錄影 編號
A2576	4/8	19：56	新康街 177 號	93. 1	90. 68	86
A2585	5/1	17：14	新強路 4 號	92. 7	90. 24	93
A2588	5/6	16：47	福德 3 路 96 號	95. 5	94. 13	98
A2589	5/8	19：38	新國街 56 號	92. 9	90. 71	99
A2590	5/8	19：56	新康街 183 號	94. 4	91. 65	100
A2594	5/29	16：13	南福街 154 號	94. 8	91. 50	103
A2595	6/5	19：59	新康街 183 號	93. 1	90. 90	104
A2596	6/8	16：08	南福街 154 號	92. 9	90. 28	105
A2597	6/8	17：14	新強路 4 號	91. 3	89. 59	106
◎A2615	7/8	16：06	**南福街 154 號**	103. 3	96. 92	126
A2634	8/17	19：55	新康街 183 號	93. 6	90. 14	144
A2655	9/9	20：07	**三誠路 186 巷 43 號**	98. 6	94. 28	167
A2662	9/25	16：21	海洋里長家	97. 5	93. 49	174
A2673	10/16	17：22	家樂福 3 樓	96. 1	93. 07	186

台灣噪音汙染健康人權，使人權會蒙羞

摸石過河1年
人權會關照了誰的人權

台灣高雄2017年健康人權黑心排行榜

103.3
分貝

第一名

高雄市2017年屯嗶車輛

市長陳菊

98.6
分貝

第二名

高雄市2017年屯嗶車輛 前鎮區

市長陳菊

986

五、2016 年高雄垃圾車噪音英雄榜　製表人：王寶樹

群蔡林李陳，東南西北聚，一齊大鍋吵，亂七八糟燴					
四大英雄黑白燴：蔡英文、林全、李應元、陳菊					
編號	2016 年 月/日	時間	地點 高雄市	Lmax （dB）	Leq （dB）	錄影 編號
A2410	6/20	17：17	新強路 4 號	94.5	84.76	6
A2411	6/20	19：43	新國街 62 號	94.8	85.59	7
A2416	6/23	21：02	正勤社區	92.8	80.47	9
A2419	6/25	16：10	南福街 164 號	98.8	79.08	11
◎A2459	8/15	16：16	**南福街 154 號**	106.4	101.60	18
A2464	9/2	19：55	7 樓臥室	85.4	80.20	24
A2471	9/10	17：17	7 樓臥室	84.3	77.70	28
A2472	9/15	20：33	**7 樓臥室**	87.8	83.52	30
A2506	11/18	20：22	南京路 393 巷 7 號	96.7	87.78	38
2016/8/2 環保署文 1050062858 號					
測量高雄鳳山新國街，車號 KEB-6002，測量值 Leq80.2dB，超標					

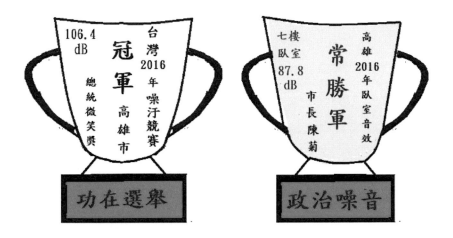

台灣噪音污染最嚴重的一次紀錄

時間：2016.8.15；Pm 4:16

地點：高雄鳳山區南福街 154 號

統一編號：A2459

錄影編號：018

音量：Lmax=106.4dB；Leq=101.60dB

台灣冠軍，榮獲總統微笑獎

六、2015 年高雄垃圾車噪音英雄榜　製表人：王寶樹

	2015		地點	Lmax
編號	月/日	時間	高雄市	（dB）
A1685	3/23	20：13	五甲二路 105 巷大樓	129
A1742	4/15	17：04	新強路 4 號	126.2
A1787	5/6	20：14	南京路 393 巷 7 號	129
A1902	7/10	20：00	保泰路 270 巷 4 號	129
A1933	8/3	16：48	凱旋路 317 巷 20 號	126.6
A2014	9/22	20：00	新民街 4 號	126.3
A2030	10/3	20：09	忠誠路 119 巷 28 號	126.1
A2114	11/17	16：13	南福街 71 號	125.4
A2199	12/28	18：55	瑞春街 99 巷 1 號	126

表格標題：魔鬼不沾鍋，肥仔不言胖，擴音器亮相，胖姑隨車晃四大負責人：馬英九、毛治國、魏國彥、陳菊

政治噪音

候選人選舉時宣傳車用噪音，全部超過晚間 57 分貝，都不守法。

高雄市長用垃圾車宣傳，沒有法律依據，也沒有法律規定不能廣播，但是有規定晚間上限 57 分貝，市長知道卻仍然要廣播，政治噪音。

有一個場景：

某大樓主委表示關心住戶，每天照三餐 94.8 分貝廣播，內容如下：

各位住戶大家好，我是主委萊菊

春天來了要注意，勿去春色花酒店，小心不要中標。

夏天來了要注意，勿穿內褲坐電梯，小心勾引別人。

秋天來了要注意，勿去橘色按摩店，小心不要睡覺。

冬天來了要注意，勿去噪油炸雞店，小心不要太肥。

主委、民選、高薪、掌握麥克風，隨心所欲胡搞，人民有樣學樣，形成台灣吵雜違法亂象，稱之為【政治噪音亂象】

七、2014 年高雄垃圾車噪音英雄榜　製表人：王寶樹

妖怪那裡來？喧嚷立院壞，裝聾作啞人，何必談未來 妖魔鬼怪【要肉？要菜？】：馬英九、江宜樺、魏國彥、陳菊				
編號	2014 月/日	時間	地點 高雄市	Lmax（dB）
A557	1/4	17：03	海洋 1 路 139 號	125.8
A652	2/8	16：37	南福街 114 號	126.5
A741	3/5	16：27	鳳山經武路 28 巷 20 號	126.1
A992	6/16	19：59	忠誠路 121 號	126.8
A1058	7/4	20：02	善美路 47 號	125.4
A1201	8/25	20：18	新康街 310 巷 1 號	129.0
A1270	9/22	19：58	忠誠路 124 巷口	125.8
A1396	10/31	19：59	忠誠路 124 巷口	127.1
A1468	11/28	19：57	忠誠路 190 號	125.6
A1543	12/31	20：02	善美路 47 號	121.8

撒旦引誘夏娃吃禁果，誰有罪？

上帝處罰夏娃，撒旦繼續作怪。

妖怪叫司機噪音喧嘩，誰犯法？

噪音處罰司機，妖怪繼續當官。

八、2013 年高雄垃圾車噪音英雄榜　製表人：王寶樹

舞客異仟作，豬權非人權，噪音殺人權，漫畫救人權				
群魔亂舞：馬英九、江宜樺、沈世宏、陳菊				
編號	2013 月/日	時間	地點 高雄市	Lmax （dB）
A19	7/27	19：30	新康街 237 巷廟後門	126.9
A49	8/5	18：35	一心民權路停車場	125.6
A165	9/28	17：03	海洋 1 路 139 號	127.8
◎A259	10/16	17：01	海洋 1 路 139 號	129.0
A411	11/23	17：07	長谷達文西門口	127.8
A509	12/18	19：46	秀拉大樓前	126.4

◎分貝計能測的最高極限值是 129.0 分貝

◎A259 為第一次測出的極限值，當天是 10 月 16 日，簡稱 1016。

◎作者第一本書【1016 地球噪音日】麗文出版 2014 年 6 月

◎2016 年 6 年配合手機錄影蒐證，買智慧型手機開始錄影。

總結

2013~2015 年只有錄音，2016 年起有錄音且錄影，這些資料全部寄給環保署、環保局，結果就是【永不改革噪音】。

10 年來的噪音測量紀錄，幾乎大同小異，證明

分貝計是好的，值得信賴；垃圾車擴音器是好的，不要懷疑。

法官及五大政府官員【懷疑分貝計是假的，數據是錯的】，不可信，到底是誰最不可信，人民自會判斷。

筆者捐款 200 萬元買健康人權，官員怕失顏面，裝傻政客。

政府做事原則

無利可圖時，法律可有可無，例如噪音汙染法。

有利可圖或有政治利益時，強調守法，例如個資法。

噪音污染對健康是否有害，政府說了算！

九、每月一報，10 年來有 124 篇統計報表，任舉其中一例

第 118 篇統計報表案例

2020 年 12 月高雄垃圾車噪音統計表　製表人：王寶樹

四大行政聾瞎醉人：蔡英文、蘇貞昌、張子敬、陳其邁							
編號	2020 12月	時間	地點	Lmax （dB）	Leq （dB）	背景 （dB）	錄影 編號
A3225	3 日	19：32	新甲公園	x	x	54.05	736
A3226	3 日	19：44	新甲公園	92.1	86.06	X	737
A3227	3 日	19：45	新甲公園	87.3	82.71	X	738
A3228	4 日	16：12	奇蹟大樓	94.7	87.99	X	739
A3229	4 日	16：17	芯瑜幼兒園東	94.7	93.36	X	740
A3230	4 日	16：19	芯瑜幼兒園西	94.5	89.69	X	741
A3231	10 日	16：33	聖功醫院	91.7	89.93	X	742
A3232	15 日	19：23	7 樓廚房	85.4	78.75	x	743
A3233	22 日	19：17	7 樓廚房	x	x	54.28	744
A3234	22 日	19：24	7 樓廚房	82.0	77.42	x	745
A3235	平安夜	16：33	聖功醫院	88.7	85.02	x	746
A3236	平安夜	19：23	7 樓廚房	81.7	77.50	X	747
A3237	平安夜	20：23	南京路 393 巷	88.3	86.74	X	748
A3238	平安夜	20：30	南京路 393 巷	X	X	50.58	749

陳其邁張瑞珸二位長官好：信 004

錢用在有價值的地方，人要活出尊嚴。補助 200 萬是真的。

雄豬去勢異味消，母豬噪音呻吟鬧，

公雞準時晨啼叫，閹雞後則亂啼哮。

高雄垃圾車常聞母豬呻吟閹雞亂啼，世界頭條。

風聲雨聲讀書聲，聲聲入耳，家事國事天下事，事事關心。

豬吟雞鳴擴音器，聲聲噪音，健康人權他家事，干我屁事。

欲見豬狗雞亂啼，請來信索取【高雄動物園照片】

另外【二月噪音統計表；補助垃圾車司機 200 萬元或補助人民 200 萬元案；App 免費設計案】等改革噪音辦法，請來函索取。

祝 健康與自由人權萬歲

王寶樹敬上 2021.3.17

陳情信函寫到這種程度，高雄市長及環保局長還在聾瞎，沒救了。

白天吵，行進間人站立車
後，違法又危險

夜晚也吵，行進間人站立車
後，但無法由照片中看出。

夜晚吵，7樓也吵，行進間清
潔員人站立車後。

白天吵，7樓也吵，行進間清
潔員人站立車後。

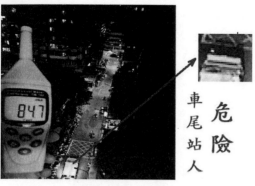

夜晚吵，10 樓也吵，行進間清潔員人站立車後
違法又危險（請重視生命）

蔡英文、陳菊兩位小姐好：信 005
　　垃圾車清潔員（歐巴桑），站立車斗上摔落喪命，危險層出
不窮，想請二位來高雄實際參與此危險工作 4 小時，理由如下：
　　言教不如身教，作秀不如做事，體會生命的意義，何況兩
位
　　符合歐巴桑條件。本人免費提供高額意外險。
　　另外，
　　補助垃圾車司機 200 萬元案或補助人民 200 萬元案；App
　　免費設計案等改革噪音辦法，若您們想要改革噪音汙染的
　　話，請來信索取。
　　祝　健康與自由人權萬歲
　　　　　　　　　　　　　　　　　　王寶樹敬上 2021.4.6

811 筆錄影資料，任舉一個測量統計表，證明這是噪音。

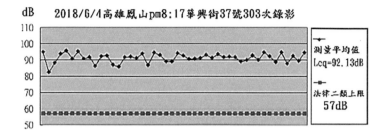

白天：平地吵，高樓也吵，行進間清潔員人站立車後

（噪音違法、站立車斗上，違法又危險）

夜晚：平地吵，7 樓 10 樓都吵，清潔員人站立車後

（噪音違法、站立車斗上，違法又危險）

噪音吵了 20 年，還不夠？到底要吵到民國幾年？

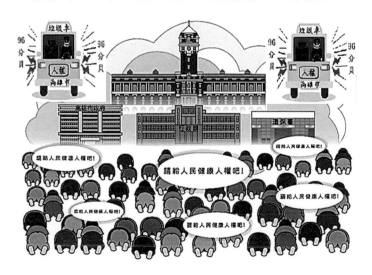

有權力的人視說謊是基本人權。

總統對人權的重視是必要的謊言，不要奇怪，這是人性的表現，不用指責。

如同在公園看見狗亂拉屎，你會感覺奇怪嗎？

我不是聖人，但是，我可以教你們做人

做人要停、看、聽

【停】止傷害任何人健康人權。

【眼睛看】人民疾苦，用良心解決人民苦難。

【耳朵聽】人民需求，用科技滿足人民需求。

眼不瞎、耳不聾、用心愛，用心給，心存善念，讓我們一起活出愛。

天天聽噪音，魔鬼不會變天使。

第三章　噪音有害健康

黑道大哥死亡，他的弟兄

每天照三餐全市走透透播放哀樂，可以嗎？

五月天的歌很好聽，他的粉絲

每天照三餐全市走透透播放歌曲，可以嗎？

少女祈禱（A Maiden's Prayer）與給愛麗絲（For Elise）

垃圾車每天照三餐全市走透透播放歌曲，可以嗎？

高雄市長每天照三餐隨垃圾車政治宣傳，可以嗎？

環保署聲音照相取締噪音罰款規定

【道路速限 50Km/h，上限 86dB】要被處罰

【道路速限 70Km/h，上限 90dB】要被處罰

【垃圾車平均 94.8dB】不罰

周官能放火百姓難點燈，君權？獨裁？

何謂噪音？

噪音不是總統說了算，也不是法官決定，首先要根據科學定義。再來根據法律標準來執行。

　　同樣的，噪音傷害不是憑感覺，也不是依官位大小來決定，是依據醫學的專業知識來判定，70 分貝危險值就是科學、醫學、法律的共同見解，【五眼聯盟】及法官，你們不是神，不能做神的決定，不能傷害健康人權。

噪音是什麼？

　　物理學說：不規則震動產生的聲音，例如殺雞般的歌聲，爛音響放出的音樂，刀片刮玻璃的聲音，都是噪音。

　　心理學說；不喜歡的聲音就是噪音，許多朋友聽見總統講話立刻關機，就是這個道理。若音量超過 80 分貝者，又稱之為【危險的噪音】。這種噪音對心理影響最大，傷害也最大。

　　例如穆斯林聽到美國國歌會跳腳，垃圾車政治宣傳等。

　　法律說；噪音標準是音量設定，例如擴音器 19；00 以後，法律規定住宅區音量不得超過 57 分貝（此數字好虛偽啊）。

　　軍事家說：噪音是最便宜的殺人工具，例如美國關塔那魔監獄對待俘虜事件。

噪音對人的傷害

　　一、人類聽覺系統的限制

　　1. 人類對高頻噪音感覺靈敏，遇到救護車高頻（1450~1550hz）擴音器加上 95~110 分貝的音量，【所有人都會聽到，會立刻躲開】，這是一種人類耳朵天生的保護機制，因為

人類高頻毛細胞感應最靈敏，也最容易受損（65歲以上長者高頻音域受損最明顯）。

　　※垃圾車擴音器頻率不是很高，但是音量卻是很高，Leq平均值94.8分貝，最高值106.3分貝，也有129分貝的最高紀錄，【所有人都會聽到，會立刻集中目標】，毛細胞感應立刻受損，唉！健康人權何在？

　　2.人類對低頻噪音感覺遲鈍，感覺遲鈍不代表不會傷害低頻毛細胞。低音鼓或風電引擎聲或許感覺不到音量太大，耳朵感覺不會那麼刺耳，因而疏忽了低頻噪音的傷害，這反而使人類低頻毛細胞死亡較多。風力發電引擎夜間限制不得超過47分貝，這是有道理的（此數字也好虛偽啊）。但是，筆者認為不用那麼低，50分貝就可以了，重點在要執行。

　　台灣的法律寫給外國人看的，從不認真執行。

　　對聽障者講話宜慢且音調要提高，因為高頻率的毛細胞最容易死亡，許多老榮民受戰爭影響，毛細胞死亡最多，聽障也最嚴重。　對老年人講話要調高聲頻及分貝，否則很難溝通。

　　3.內耳感覺髮細胞（sensory hair cells），俗稱毛細胞，人天生約23000個毛細胞，老化受到傷害（例如噪音或疾病死亡），毛細胞永遠不會再生復原。

　　4.85分貝內耳毛細胞開始死亡，且不再復生。

　　5.孕婦第20周起遠離85分貝的噪音源，保護胎兒，避免生出過動兒及智能不足兒。

6.【噪音環境激素】理論，會使人體內分泌紊亂，導致精液和精子異常。

二、噪音對心理的影響

1. 心理產生激發與干擾機制，使工作效率降低。

2. 影響情緒：驚嚇、注意力、緊張、焦慮、反應過敏。

3. 影響人際與社會行為：如交談、人際關係、學習快慢。

2016 年 4 月，世衛組織和歐盟合作研究中心公開了一份關於噪音對健康影響的全面報告《噪音污染導致的疾病負擔》。

報告首次指出噪音污染不僅讓人煩躁、睡眠差，更會引發或觸發心臟病、學習障礙和耳鳴等疾病，進而減少人的壽命。噪音危害已成為繼空氣污染之後，人類公共健康的第二殺手。

三、噪音與視力的關係

世衛組織歐洲區總監雅克伯（Jakab）說：

噪音污染不僅滋擾環境，而且也是公共健康的一大威脅。噪音污染會升高血壓、增加壓力荷爾蒙的血液濃度，即使暴露噪音中的人處於睡眠狀態，也一樣會受到影響。如果長期暴露在噪音污染中，這些症狀就會不斷積累，導致心臟病以及心血管疾病。此前曾有數據顯示，城市的噪聲每上升一分貝，高血壓發病率就增加 3%。噪音影響人的神經系統：使人急躁易怒視

力下降。

科學研究發現，噪音可刺激神經系統，使之產生抑制，長期在噪音環境下工作的人，還會引起神經衰弱症候群。為人類耳朵與眼睛之間存在著微妙的內在聯繫，如果噪聲作用於聽覺器官時，也會通過神經系統的作用波及視覺器官，使人的視神經受影響。有調查顯示，在接觸噪音的 80 名工人中，視力出現紅綠白三色視野縮小者達到 80%

美國研究人員用小雞作實驗，發現高強度噪音可以在數小時內損害大腦細胞，僅持續兩天，與耳朵連接的神經細胞即開始萎縮甚至死亡。法國試驗亦顯示，噪音在 55 分貝時，孩子的理解錯誤率為 4.3%，而噪聲在 60 分貝以上時，理解錯誤率則上升到 15%。因此，應讓孩子儘量避免各種噪音的干擾，有利於智力發育和學習成績的提升。

同時，有專家指出，噪音對嬰幼兒會有更加嚴重的傷害，聲音超過 70 分貝，就會對幼兒的聽覺系統造成傷害。80 分貝的聲音會使孩子感到吵鬧難受；如果經常超過 80 分貝，孩子就會產生心理問題。

四、噪音影響學習及社交，老年社交退縮症候群。

2013 年筆者在高雄市鳳山區公所擔任志工，看到一位老榮民在服務台尋求健保局幫忙，因聲音很大使櫃台露出不耐煩的眼神，好像老榮民故意找碴。其實老榮民不識字，耳背聽不清

楚，心裡很急，因而讓人誤解，筆者過去慢慢講，讓其看筆者嘴唇講話，增加其講話信心，情況立即改善。面對聽障者不宜快講，看嘴唇懂其話語，自然就能幫助榮民。因此聽障會影【社交溝通】。

官員耳聾可以不做事？

老年人聽不到別人講話，會亂懷疑別人在罵他，也因別人慢些回應其話，就在懷疑，變成【猜疑、退縮】，以後乾脆不講

話，也畏懼講話，惡性循環，孤獨成為老人家的專利。

學生當中有耳朵聽力不好的人也是如此，除了人際關係不好之外，學習成績更是奇差無比，許多家長及老師都不明白其中原因，因此用錯了方向當然沒有效果，其實，只要把學生上課的座位往前移動就好。

失智症又稱老人痴呆症（dementia）

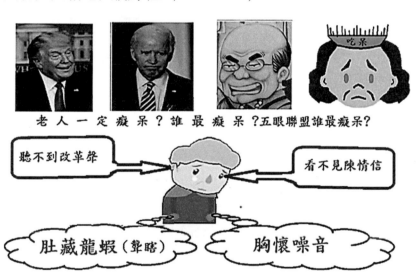

老人一定痴呆？誰最痴呆？五眼聯盟誰最痴呆？

聽不到改革聲 → 看不見陳情信

肚藏龍蝦（聾瞎） 胸懷噪音

是痴呆？是聾瞎？痴呆又聾瞎？痴痴等待龍蝦？

最大特徵是【人民講的話，聽了就忘了】五眼聯盟特色也是如此。

用【老人】來表示失智，或許正確，年輕人不該如此失智。

用【癡呆】來描繪老人，有失厚道，五眼聯盟該如何稱呼呢？

耳鼻喉科醫生表示，人耳長時間處於「噪音」下，容易產生煩躁情緒和生理不適，尤其是承受能力較弱的嬰幼兒，可能會因此出現哭鬧等情況。

過動兒、早產兒，都與噪音環境有關。

德國海姆霍茲環境健康研究中心蒂絲勒研究發現，於高分貝噪音的小孩出現過動、注意力難集中問題的機率，比低噪音環境的孩童高出 28%。焦慮等異常情緒反應的案例，比一般小

孩多兩倍以上。

人類聽頻為 16～20000 次/秒（Hz），
小孩子能聽到 30000～40000 hz 的聲波。
50 歲以上的人只能聽到 13000 hz 的聲波。
聲強超過 140 分貝會產生壓痛覺。

垃圾車選舉車金屬擴音器可能會出現 20000 Hz 以上頻率，對老年人沒影響，但是對小孩影響最大。

胎兒和幼兒的聽覺神經敏感脆弱，極易受噪音的破壞，嚴重時甚至會影響智力的發展。

環保局說許多 50 歲以上中高齡者反應聽不到聲音，要求大聲播放。中高年齡聽頻降低，此為自然老化，加大音量只會更惡化，應教導他們看手錶或鬧鐘及手機，手機及網路拜選舉及疫情的宣導，98%的人都會使用，也都有手機，可以用這些高科技取代擴音器噪音，何況對原本耳朵好的年輕人來說，只會提前老化，百害而無一利。更能顧及所有人健康人權。

送給五眼聯盟張學友

人民一千個傷心的理由

選前的人　服務電話隨候　人民陳情無拒絕的理由

當選後　選民陳情　拋棄到天長地久

選錯的人　後悔不能自首

競選諾言　就愛互踢皮球　噪音改善總有拖延理由

當選後　愛心厚民　冷凍到天長地久

承諾的話　神都不能保留

一千個噪音的理由　一千個學童皺眉頭

少女祈禱的噪音每天只會依舊

一千個違法的理由　一千個墮落的藉口

健康與自由人權政客拿來作秀

第四章　噪音與人權；權利與義務

　　依據世界衛生組織 WHO 憲章，健康是基本人權，是普世價值，不因種族、宗教、政治信仰、經濟或社會情境而有所分別。

　　人權包含民主選舉、健康平安（不傷害他人）

　　自由行動與自由言論（不傷害他人）

　　所有正義與人權自由，全靠司法正義來維護。

一、人民的基本權利

　　1. 平等權

　　　　憲法：「中華民國人民，無分男女…，在法律上一律平等。」

　　2. 自由權（包含思想、著作、言論、行動等人權）

　　　　人身、居住遷徙、意見、宗教信仰、集會、結社、行動自由。

　　　◎ 到處都有垃圾車噪音，限制了人民行動自由。

　　　　筆者特別強調爭取此點【行動自由人權】。

　　3. 受益權

　　　　經濟權利：生存權、工作權、財產權。

　　　　行政權利：請願權。

　　人民對國家政策、公共利益或個人權益的維護有意見，人民有權向政府陳述其願望。

　　◎ 陳情【五眼聯盟】是人民的權利，維護【健康人權】與【自由人權】是全台灣人民的憲法保障權利。

　　<u>司法權利</u>：訴訟權。

　　<u>教育權利</u>：義務教育權益。

　　<u>參政權利</u>：包含選舉、罷免、創制、複決、應考試、服公職。

　　◎ 人民有權利丟垃圾，尤其是人民有繳清潔費，政府不得限制人民丟垃圾。不得用噪音傷害人民倒垃圾的權利，

　　二、人民的義務

　　1.「義務」是指人民應該做或不應該做的事，由法律予以約束。

　　2.人民的基本義務有納稅、服兵役、受國民教育。

　　3.除了憲法規定的基本義務外，人民還有遵守法律的義務。人民倒垃圾是權利也是義務。

　　三、政府清潔垃圾是權力也是義務，但是不能違背噪音相關法律。

　　◎【五眼聯盟】違背相關法令，放水公營垃圾車違法噪音。

【五眼聯盟】政府違法之處

《刑法》第 302 條：剝奪人之行動自由者，處五年以下徒刑……

◎ 噪音剝奪人民自由行動，筆者請求政府改善，不理。

《刑法》第 304 條：以【強暴、脅迫】妨害人民行使權利者，處三年以下徒刑…

◎ 五眼聯盟用【噪音強暴、脅迫】妨害人民行使【快樂倒垃圾】權利。

《道路交通安全規則》第 93 條：消防車、救護車、警備車及工程救險車執行【緊急、危險任務】，且於開啟警示燈及警鳴器執行特殊任務時，得不受限制。

【緊急任務】精神如下：

有急迫、危險性：救火、救人、追搶匪……等可享特權。

請問【五眼聯盟】

收垃圾有時間急迫嗎？

收垃圾有危險性嗎？

收垃圾有救火嗎？

收垃圾有救人嗎？

收垃圾有追搶匪嗎？

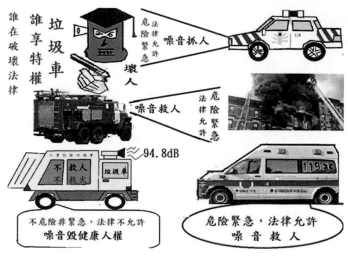

噪音管制標準

（102 年 8 月 5 日公告環保署第 1020065143 號）

1. 法條：第二條 5 項：時段區分：

日間：指各類管制區上午七時至晚上七時。

晚間：第一、二類管制區指晚上七時至晚上十時。

晚間：第三、四類管制區指晚上七時至晚上十一時。

2. 法條：第三條 9 項 3 款 1 目：

擴音設施音源最大音量（Lmax）或均能音量（Leq），其結果不得超過其噪音管制標準值。

3.法條：第七條：擴音設施噪音管制標準值如下：

管制區	日間	晚間	夜間
第二類	72 分貝	57 分貝	47 分貝
第三類	77 分貝	62 分貝	52 分貝

筆者住家 5Km² 範圍內，97%屬於第一類或第二類。

「吃這個癢、吃那個也癢，怎麼辦？」

【五眼聯盟】說：「不吃就不癢。」

「到學校散步，垃圾噪音吵！到公園約會，垃圾噪音吵！

　到超商繳費，垃圾噪音吵！ 到郵局提錢，垃圾噪音吵！

　到文化中心聽音樂會，垃圾噪音吵！請問哪裡不吵？」

【五眼聯盟】說：「不出去就不怕吵，搬到國外就不會吵。」

　　每天倒垃圾也是一個快樂的日子，環保局用少女祈禱音樂給民眾享樂嗎？尤其是擴音器的品質奇爛無比，再好的音樂也糟蹋了。

　　音樂是欣賞不是鬼叫，音樂是放鬆不是命令。

　　音樂帶來平安不是帶來噪音，音樂帶來和平不是帶來噪音暴力。

　　【五眼聯盟】懂嗎？不懂音樂沒關係，遵守法律最重要。

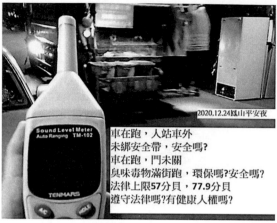

2020.12.24鳳山平安夜

車在跑，人站車外
未綁安全帶，安全嗎？
車在跑，門未關
臭味毒物滿街跑，環保嗎?安全嗎？
法律上限57分貝，77.9分貝
遵守法律嗎?有健康人權嗎？

平安夜，平安嗎？

　　平常垃圾車噪音至少都是 87 分貝以上，這一次居然只有
77.9分貝，喔！原來今天是聖誕夜（平安夜），司機減噪音共同
分享平安夜的喜樂與平安。

陳其邁市長您好；信 006

　　上天有好生之德，不要殺人十誡中列有明文，【神愛世人】
書有明文。我們誠心誠意勸導所有人民都應該遵守法律，善心
對待彼此。如果你因缺錢而不改革，我可以盡力幫忙金錢，只
要你們能守法愛人。

　　禍由平地起，罪由天庭降，問世間公平，神明夢中醒。

　　姦淫擄掠藉權勢，人間苦難靠去勢，淫賊得意須人勢，
世界平靜唯神勢。

不須作福不須求，用盡心機總未休，陽世不知陰間勢，
違法亂紀不自由。

諸惡莫作，眾善奉行，永無惡魔降臨，常有吉神擁護。

近報則在自己，遠報則在兒孫。百福駢臻，千祥雲集。

吉人語善、視善、行善，一日有三善，三年天必降之福。

凶人語惡、視惡、行惡，一日有三惡，三年天必降之禍。

善有善報，惡有惡報，3年時到，神明來報。

法者從水，平之如水；從去，觸不直者去之。

人故意亂直者，神明終會鋪直，奸惡違法之徒，煉獄伺候
難逃天意。

人可以忍受違法亂紀，但是違法者不能逃避神明的懲罰。

對於違法亂紀賊人，神明說你們不必隨之起舞，

降禍其人或親友，天意在所難免。

以其道還至其人是神明善惡原則，來日方長，

善者需依神明指示，不可傷人。

良善之人，切記！ 違法亂紀之人，切記！

只要你們守法愛人，老天爺會眷顧你們。

法律由政府制定，公務員執行，全民遵守。

垃圾車噪音問題，未修法改變之前，請遵守噪音法律規定。

執法人員更應守法，維護所有人民健康及自由人權。

禁止清潔員站立車後，禁止騎機車拋丟垃圾，違者重罰。

（這是法律對安全的基本要求）

垃圾車行進中不得打開尾後門，違者以公共危險罪重罰司機。（方便是事故的最大兇手，垃圾車事故率居所有車輛之冠）

祝　健康與自由人權萬歲

王寶樹敬上

復　活　日

潘瓊琚老師編曲

復活日　復活日　在那復活清晨我們將復活

復活日　復活日　在那復活清晨我們將復活

我們要和主同在　我們要和主同在　我們和祂同在到永遠

哈肋路亞高聲唱　哈肋路亞高聲唱　哈肋路亞讚美主羔羊

我們要和主同在　我們要和主同在　我們和祂同在到永遠

　　每年的復活日，我們都會大聲地唱這首歌，與所有人分享耶穌基督的復活，這是一個快樂的日子。

　　我們高興唱歌，但我們知道分寸，至少我們的歌聲很好聽，合聲很優美，旋律悠揚，讓人聽了心曠神怡。更讓人民感受到我們的真心誠意，絕不虛假，也絕非例行公事應付了事。

　　更重要的是，我們不會每天照三餐唱，也不會全年無休唱，更不會上山下海的毫無節制，復活節過了自然就會視情況看場合的唱。

　　另外，每天照三餐噪音放音樂，上山下海全年無休，這不

是與朋友分享，而是強迫【噪音聽訓 Noise training】，人民會快樂嗎？自由嗎？誰又會喜歡專制又野蠻的噪音呢？

高雄市每天【Noise training】強迫政令宣導，老實說這些市長們的廣播聲音真的很難聽，雖然達不到吐的境界，也算是魔音繞梁，三日不絕，腦漿炸裂的程度，常做惡夢，少女祈禱了 14 年，也該長大了吧！

「颱風來了，門窗要關好」；

「老天不下雨，缺水，人民要省水」，

天啦！這種事情都要廣播，

請問「睡覺要記得關門，小心小三闖入」要廣播嗎？

「母親節到了，大家要孝順母親」要廣播麼？

市政府廣播垃圾音樂是貪圖行政方便，便宜行事。

用高分貝不是為安全著想，只為展現特權，告訴人民，我是市長，大聲的告訴你們，市長來服務收垃圾，投我一票吧。

不能溫柔低聲細語嗎？至少不超過法律標準 57 分貝吧？

垃圾車危險指數比公車高 80 倍，安全嗎？

可見垃圾車噪音帶來安全的說法是錯誤的。

市政府廣播垃圾音樂噪音是威權時代的遺毒，【張君雅小妹妹】的時代早就落伍了，張君雅如果有手機的話，保證羞愧挖地洞。

只有威權才會用暴力強制人民，【噪音就是暴力】否則美國

關塔那摩監獄（Guantanamo Prison）為何要用噪音對付外國戰俘？

再度強調一次，少女的祈禱及艾麗絲是很好聽的音樂，可惜被台灣的政治汙染了，錯誤的音樂教育，錯誤的違法噪音，違法行政，最糟糕的是錯誤的教育示範，政客教壞學生。

【只要我喜歡，違法都可以】

【只要我方便，人權可拋棄】

【只要我掌權，教育隨我玩】

【只要我當官，行政當兒戲】

有人說台灣科技落後，電子測噪音落後嗎？

有人說台灣行政落後，垃圾車噪音真是落後。

好心提醒政府防疫口，結果？

高雄防疫破口垃圾車，群聚感染		
丟垃圾人數	至少 30 人	法定 10 人以下
社交距離	沒有保持	法定 1.5 米
實名制	無	
酒精消毒	無	
騎車丟垃圾	至少 3 人	機車與腳踏車

這個表格早就寄給政府相關單位，沒人理睬

結果 2021 年 5 月 27 日桃園清潔隊群聚感染

讀者認為政府有認真做事嗎？

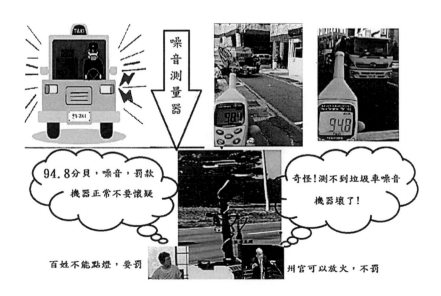

勃〈秋日遊蓮池序〉:「人間齷齪,抱風雲者幾人?」

郭沫若:「他們裡面的壞人,的確是天地間最壞的東西。背信棄義,殺人放火,橫搶武奪,卑鄙齷齪,什麼都幹得出來。」

這二位古人在說誰啊?

他山之石,可以攻錯

看看世界對健康人權教育的重視,台灣呢?還在口腔期?

2016 年 2 月 9 日「康熙來了」主持人

蔡康永問:「你們說烏拉圭只有賣冰淇淋的車子有音樂,那垃圾車沒有,妳們不倒垃圾嗎?」

烏拉圭世界小姐說:「倒垃圾是每個人該做的事,幹嘛放音樂。」

幼稚的問題,主持人自取其辱。

世界小姐人美心更美,「健康人權素養」值得我們學習。

下列資料來自於 Line 朋友的留言

美國朋友:「台灣的垃圾工程的確落後,數十年不改進。

我在美國每周三晚上將家裡的三個垃圾桶推至門口街道上,周四起床再拉回家裡,二十年不變,只是原本我和老公的工作,現在由兒子與女兒執行。

周四清晨六點左右,三輛垃圾車依序沿街收拾垃圾,一車收回收物品一車收花草樹木一車收其他垃圾,沒有音樂只有機械操作聲音。

剛開始還見兩人一車，近十年或是機械的進步，起落精準，只有司機一人執行操作。

我因為早起，經常隔著玻璃窗看垃圾車的操作，也經常想台灣做不到嗎？相較之下，安靜、精簡人力、乾淨衛生。

回台灣時經常看見人們提著垃圾追趕垃圾車，清潔隊員兩三人攀著車子上上下下辛苦著，險象環生不停反覆，只要有心做事，平凡的垃圾小事才是民生的要事！」

來自於 WeChat 朋友的留言

上海朋友：「是的，現在分類分的越來越細。回收車也是分類的，所以亂扔的話，垃圾會留在那裡。所以大家都很自覺的按規定去做。」

東京朋友：「我們這裡的垃圾房早上4點開門，9點關門，垃圾車走了，管大樓的清潔工沖掃一下，上鎖。沒什麼特別的清潔管理員，也沒噪音。」

美國朋友：「我這條街每週二（參考推薦序二），至於丟棄的沙發、冰箱和電視機之類，每月也有固定的日子來收取。我家附近另一條街安排在週三的早上，社區里始終是安靜的。垃圾車不按喇叭，不放音樂、不叫喊。每戶人家都將垃圾桶放在自家門前的人行道上，凡是奶瓶、酒瓶都須沖洗乾淨。有一次，我挖出的香椿根被退回，理由是根部粘上太多泥土。」（樹葉、樹枝上了垃圾車就同時壓縮打碎，送往製造肥料的農場去了。）

另外

加拿大的朋友及學生、澳洲的侄兒、德國的學生、美國的同學、中南美世界小姐等，他們早就知道噪音是損害健康人權的壞事。

研究噪音汙染 14 年來，發現到只有印度會用噪音收垃圾。

台灣！究竟何時才會長大？無眼聯盟何時變成有眼聯盟？

第五章　你真的自由嗎？

　　聖火、燭火，只要不作弊、不吃禁藥，任何人都可以獲得自由之火。

　　換句話說，必須遵守法律規範才能獲得真自由，否則帶來森林大火。

　　【五眼聯盟】用噪音到處放火，吃禁藥違法享特權，天火臨身不自由。

自由之火

　　運動之人重視團隊精神，爭取榮譽，更重視「公平競爭」

　　因此遵守運動規則是絕對必要，如此的運動才是真自由。

　　康德說：沒有遵守法律的自由是不快樂的，不是真自由。聖火亦是如此

　　遵守運動規則，聖火才能自由

你真的自由嗎？有人權嗎？

　　台灣的自由，只要我高興，做什麼都可以

　　台灣的人權，掌權的人獨享，大法官說的不算。

自由是什麼？

自由：散步自由、居住自由、婚姻自由、言論自由、通訊自由、出版自由、新聞自由、學術自由、辦學自由、信仰自由、免於恐懼的自由、享受法律保障的自由，人權自由……等喊口號的自由，又如何才能獲得真正的自由？

真正的自由，應該立足於「不妨害別人的自由」、「不侵犯別人的自由」及「不踐踏別人的自由」為基礎的自由。

自由的基礎是

一、道德做根本：合乎道德，不做對人有害的事，不侵犯別人、不損害別人，不踐踏別人。

二、正義的伸張：必須要選擇正義、道德、天理。不能逆天悖理，不做傷天害理事。

三、法律的依據：自由必須合乎法律規範，法律能真正保障每個人的自由。

人權是什麼？

　　人權，通常所指的是基本人權，包括生命和自由之權利，天賦人權對生命來說，如同中國古語所說【上天有好生之德】，「人類應享有求健康的權利，也就是健康人權。」現代人權範圍廣泛，包含【自由、健康、平等、民主、憲政和博愛等人權。】中民國憲法對於人權之保障，分別規定於

第八條：人身自由

第十條：居住及遷徙自由

第十一條：言論、講學、著作及出版自由

第十四條：集會及結社自由

第十五條：生存權、工作權及財產權

大法官會議亦承認健康人權之存在

　　陳新民、羅昌發大法官於釋字第 701 號之協同意見書中主張，兩約施行法已將健康人權確立於我國實證法規之中，而具備法律上權利之位階。認【健康人權】為憲法基本權利之重要內涵。因此，【健康人權】核心價值為我國所承認。（參考第六章司法）

　　世界人權宣言 1966 年公約第 12 條第 1 項確認「可達到最高水準」之【健康不分種族、宗教、政治信仰、經濟及社會地位】基本人權

康德看到台灣噪音會如何説？

德國哲學家康德（Immanuel Kant, 1724~1804 年）生活十分規律，每天固定時間散步，當地的居民每天下午在他經過的固定地點校對手錶，唯一的一次例外是因為讀盧梭的《愛彌兒》入迷，以致錯過了散步的時間。

康德反對無限的自我所有權. 也就是說人沒有絕對自由，人有尊嚴，因為人是理性動物。

康德把自由定義的更嚴格更苛刻，康德認為：人像動物一樣趨樂避苦，其行動並非真自由，而是成為食色愛欲之奴隸。

有句飲料廣告詞：「服從你的渴望」（Obey your thirst）. 這句廣告詞表示當我拿起一罐飲料，這種行為是出於服從，而不是自由。

台灣聽到音樂就去倒垃圾，這種行為是出於服從，而不是自由。不是自由就沒有真快樂，不是出自內心的愛台灣環保。

按照常識，人有別於其他動物，擁有自由意志，能超越本能和情感欲望的限制，按照道德規律行事，這種「不受來自感性推動強制的選擇能力」，康德稱為「實踐自由」（practical freedom）。

凡是受到生理決定或社會制約的行為, 都不是真自由，行動要自由，就必須自主，而自主就是按自訂法律，而不是按照天性指揮或社會習俗。

人怕垃圾，生理需求告訴自己要丟垃圾，生理上人是被動

　　且懶散的，於是政府就用噪音制約人民丟垃圾，人民倒垃圾不是真自由，因為你無法自主行動。

　　自主丟垃圾的行為動機是依據環保法律及道德良心，而不是依據噪音的制約，下流的政客採取制約式的行政，換句話說，政客是自由殺手，看看台灣的後遺症，政府用 1450 毀滅言論自由，用噪音毀行動自由，也毀滅健康人權。

　　巴夫洛夫制約狗的行為，與台灣政府官員用垃圾車噪音制約人民倒垃圾有何差異？垃圾車噪音愈大聲表示人民動物制約效果愈好，難怪平均高達 94.8 分貝的音樂及市長政令宣導聲音，絡繹不絕，換句話說，狗的吠聲愈大制約效果愈明顯，究竟是人制約狗還是狗制約人？

　　法國行為派大師福柯（Michel Foucault）說：「現代資本主義對人的規訓，規訓的方式是通過無孔不入的規訓系統，來加以實現的。這種規訓系統核心教育在塑造一種行為標準，然後讓你把這種標準內化，內化之後你就會非常自由的、自主地遵循這套標準採取行動，而本質上這時候你是被操控的。」筆者稱之為【制約奴隸】（Restrain slave）。

　　「制約教育」是某種程度的把人當狗在訓練，執政者尤其是獨裁者最喜歡用這種方式，根本就是【洗腦教育】，用在政治面最為普遍。高雄市長喜歡用垃圾車擴音器到處宣傳，刷存在感，把市長內化成神仙，再轉化成選票。

　　人的本性是自尊，講廉恥快樂又助人，不入流的執政人才，

用下流的噪音政策，製造成【野蠻人(拳)】（Barbarian Fist）社會。

康德散步不是趨於服從，而是出自於絕對的自由，是快樂而自願的行為，他把能夠真自由歸功於所有民眾的守法行為。如果民眾沿路放野狗、噪音、製造髒亂，康德就不會去散步了。

台灣表面上可以自由散步，骨子裡卻是限制重重，垃圾車噪音、狗屎、檳榔汁、野狗都是障礙，這種【邪惡式的自由】散步叫人不愉快。

痛苦的散步自由是出於服從，是【邪惡的自由】，不是真正自由。

野狗、狗屎、噪音、哲學家散步

高雄公園寫生

台灣邪惡的自由人權 康德

康德在散步時說了話

93.5dB 分貝計

　　自由必須要建立在所有民眾遵守法律的前提下才能快樂自主的真自由。台灣倒垃圾自由嗎？人民有自由人權嗎？

　　台灣野狗、噪音、狗屎滿天飛，人民倒垃圾趨於噪音的服從，因為垃圾車的噪音違法行為，帶給人民痛苦，稱之為【邪惡的健康人權】及【野蠻的自由人(拳)】，如上圖所示，康德散步高雄公園說話了！

　　台灣垃圾車每天準時出現，規律出現是件好事，但是伴隨而來的噪音是件糟糕的事，違背了法律，反而造成所有人民不自由，包含不倒垃圾的無辜民眾，因此台灣倒垃圾非自由行為，反而是強迫行為，更是傷害人民健康人權。

　　你可以自由快樂的開車，但是，不隨便按喇叭、闖紅燈、丟垃圾，因為這是違反法律的規定，就不能稱之隨心所與的自由。康德散步並沒有製造噪音與垃圾，也沒有裸體，守法的散步，其內心是自由快樂的。18世紀的康德就有這種想法，21世紀的台灣仍停留在【只要我喜歡有什麼不可以】的假自由思維，【五眼聯盟】均如此，無一例外，400年前的古人都比他們懂得自由的精神。

　　一個節儉的父親在餐廳看到兒子揮霍的吃大餐問兒子：你吃的完嗎？吃得高興嗎？兒子回答說：吃飯本來就該高興，因為是自由的點餐，所以更高興，服務員親切的服務，讓人得到尊重，真自由，沒有任何人會妨礙你用餐，當然快樂，我用錢在此享受到真正的自由，很高興。

同樣的，我用錢請垃圾車來收垃圾，得不到自由與快樂，因為垃圾車帶來違法的噪音，讓人覺得不舒服，如果餐廳服務員送餐時帶來噪音，你會高興嗎？

服務員高分貝噪音對待，你絕對會拒絕去此餐廳，但是倒垃圾你無法選擇拒絕，強忍著噪音暴力，做最不自由之事，難道讓人自由快樂倒垃圾不能嗎？政府官員不喜歡看到人民快樂嗎？【人民的痛苦就是我的快樂】是執政的標竿？如果在家中用餐噪音天天吵你，你會高興嗎？這是自由嗎？

下列情況你喜歡嗎？

在學校看書看夜景，冷不防噪音出現，自由快樂嗎？

在超市買麵包吃茶葉蛋，突然噪音出現，自由快樂嗎？

家中休息睡覺，莫名其妙噪音出現，自由快樂嗎？

在公園散步聊天，突然衝出噪音，自由快樂嗎？

路邊小吃正在陶醉美味，突然噪音發作，自由快樂嗎？

咖啡店前手機談情說愛，突然噪音攪局，自由快樂嗎？

興致勃勃去衛武營聽音樂會，突然間噪音來襲，自由快樂嗎？

政府是【禁止人民自由快樂】，要人民【放縱噪音橫行】，為何台灣淪為邪惡之地呢？

一、差不多先生

1. 教育上沒有強調【莫以善小而不為、勿以惡小而為之】，這種【無所謂】的法律教育，讓學生覺得【不要這麼計較】是正確的行為，因而產生許多【積小錯為大錯】的罪大惡極犯，追根究柢，這些歸咎於教育的疏失，而教育失敗真正背後的兇手就是【民意代表與政客帶頭違法】，噪音行政就是最壞的示範。

二、政治掛帥

本人找了許多民意代表（含政務官），他們共同的回答是

1. 選民意願不高，可有可無，但是樁腳激烈反對，也說不出個讓人說服的理由，就是反對。說句良心話，許多樁腳行為若出現在德國的話，保證康德先生會吐血。

2. 很贊同本人的環保人權理念，但是，怕沒有選票，不敢公開支持。

三、任何的法律，只要經過總統頒布後就應遵守實施。這是一種文化，更是一種道德，台灣錯誤大事不斷發生，是因為我們【藐視法律】，【五眼聯盟】等均明白噪音法律，誰又遵守噪音法律？

聯合報社論／ 2021-04-08 02:32 聯合報 / 聯合報社論
每場災難都是台灣散漫文化的照妖鏡
因為台灣官員不守法，沒有任何官員遵守噪音法

妖 怪 是 誰 ？ 非 政 府 官 員 莫 屬 。

政客執政應依據法律，不是依據媒體的曝光率，因此台灣沒有真自由，只有民粹式的假自由。

台灣三毒：毒噪音、毒美豬、毒害新聞自由

三毒官員被抓是台灣人之福

這叫做除三害行動，台灣人民都支持

台灣人民要健康人權

台灣人民要自由散步人權

台灣人民要新聞自由權

垃圾車噪音 PK 豬打炮噪音		
噪音來源	擴音器（人）	生殖器（豬）
噪音時間	每天 6 小時	每次 18 秒
噪音地點	全台灣	豬公車
違法依據	人噪音法（豬看不懂）	豬性交法（人看不懂）
發號司令	行政院長	萊豬春長
結論	人權萬歲	豬權千歲

真正暴力的是政府官員，只會欺負手無寸鐵的人民。

要健康人權，官員不給。

要自由人權，政府不給。

要新聞自由，政府不給

人民自費 200 萬元買小小地區自由行動人權，還是不給買。只有給吃萊豬最爽快！收垃圾政策最可怕的不在噪音，而在主管的便宜行政態度，貪捷徑、貪便宜，貪「各縣市均如此做」的心態，如果連最基本的噪音法都可以不遵守，那還有道德與教育的價值，遑論健康人權與自由人權的存在，台灣還剩下什

麼可以驕傲的？

通常，決定一個人甚至一個國家成就的，是你敢不敢對自己有所期許，不因現實而屈就，健康人權的普世價值因你的執著而偉大。

台灣健康自由人權完蛋啦！

萊豬有毒，可以自由進口台灣
【五眼聯盟】說：你可以選擇不吃
安非他命有毒，可以自由進口台灣
【五眼聯盟】說：你可以選擇不吃
垃圾車噪音有毒，可以到處違法
【五眼聯盟】說：你可以選擇不聽
妓女進入校園，可以自由賺錢
【五眼聯盟】說；你可以選擇不要聯結
垃圾車噪音到處跑，臥室也躲不掉。
【五眼聯盟】說：你可以吃安眠藥睡覺。

選舉比喇叭，喇叭吃四方，小心，吹喇叭會得泡疹

選舉比戰爭還要血腥、殘暴。

Poor mayor 其邁先生，沒有寫信的勇氣！俗啦！

親愛的陳其邁市長您好：

　　人人都有權選擇自由通訊，這是一封為本人新書寫序的邀請函，您的屬下幕僚不能私下處理此信，否則是剝奪您的自由人權，請幕僚尊重市長人權。請不要陷市長於不義。

　　堅持高品質的高雄，費時 4 年寫完此書，即將付梓，想請您寫序，表明您不想做環保的逃兵，願意帶領高雄市民捍衛環保。寫序不是在為自己辯護，而是為高雄的人權畫出藍圖，告訴市民，我能為噪音改革做些什麼，環保是你我共同的願望。

　　祝平安 健康 喜樂 王寶樹敬邀 2021.5.11　0924136502
書名《台灣環保噪音汙染戕害人權》
書本精華段（如附件）請參考（若您願意寫序，本人馬上把書稿親送給您過目）

陳其邁先生沒有任反應，有二種可能

甲、市長沒有看過信件，無法處理。

　　幕僚故意不給市長看信的自由，誰是主人？誰是奴隸？

　　懷疑市長寫作能力，保護市長顏面。

　　公平原則，幕僚替人民報仇，市長剝奪人民自由健康人權，幕僚則封殺市長自由通訊人權。

　　市長忙不忙的話語權在幕僚，市長只是魁儡。

　　市長看不看信無所謂，幕僚投其所好。

乙、市長有看此信，沒有反應。

證明看了等於沒看，冷血加上重度近視，看不到。

市長沒有勇氣寫序，因為其內心是空虛又矛盾的。

筆者沒有附回郵信封，幕僚又沒錢買郵票，只好作罷。

走筆至此，讀者應該明白人民的無奈，政客的無賴，

真的很想問一句【市長先生，您真的自由嗎？】

Australia、Canada、New Zealand、England、USA 五眼聯盟，

無遠弗界監聽全世界，維持霸權。

台灣總統、行政院長、環保署長、高雄市長、環保局長五位，

除了垃圾車噪音之外，全台灣全面監聽，維護人權。

第六章　司法的故事

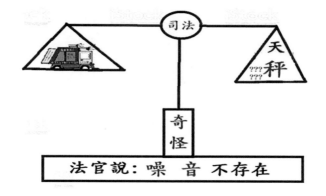

　　司法有理想嗎？有照顧弱勢嗎？有維護人權嗎？

　　依據《世界衛生組織 WHO 憲章》，健康是基本人權，是普世價值，不因種族、宗教、政治信仰、經濟或社會情境而有所分別。The enjoyment of the highest attainable standard of health is one of the fundamental rights of every human being without distinction of race, religion, political belief, economic or social condition.

　　最可怕的司法，正義的最後防線不保了。

有人說司法有政治顏色之分，確實！

強佔立法院、行政院，結果如何？法官選顏色了！

蔡英文真假博士案結果如何？ 法官可能選顏色了！

電視台新聞自由案，法官又選顏色了！

這些都與政治有關，與選票有關。

但是，

噪音污染和健康人權與政治顏色無關。

你我及後代子孫全都受到影響，沒必要破壞這種人權。

你無法自由散步，隨時會被噪音干擾，你願意嗎？

改革噪音汙染與顏色無關，為何又要選顏色呢？

2015 年 7 月 16 日下午接到法院書記官電話，內容概述：

你的噪音問題從來沒有人會注意，你是第一個提出訴訟的人，我們很認同要處理噪音，也和環保局承辦小姐通過電話，她也希望法官趕快通過改革判決，這樣子我們就可以立刻遵循改革了。

在這之後的訴訟期間，法官對原告都很客氣，對被告高雄市環保局始終不假辭色，經常指責環保局要與時俱進。

誰知道第 9 次開庭不明原因延後一個月之後，情況改變，果然第 11 次開庭後判決出爐，拒絕噪音改革，誰在演戲？

筆者想不通也猜不透，改革噪音汙染乃人民正義要求，法

官為何不敢判決改革，難道在害怕背後的綠色政權嗎？

百思不得其解。

敬愛的蘇秋津、林彥君法官您好：信 007

　　律師再三告誡【庭上不可激怒法官】

　　法院判決後，噪音問題並沒有改善，「健康人權」並沒有獲得保障，因此憲法中的「保護人民生命及財產安全」目標無法實現。

　　我仍然堅信「法律是無知政客的最終殺手」，這一代的噪音政策，沒有留給下一代的必要，這是不負責且缺德的行為，希望大家一起行善積德改善噪音。

　　噪音證據資料如下：略

　　垃圾車噪音到了該改變的時候了！簡此 即祝

　　平安 健康 自由 喜樂

　　　　　　　　　　　　王寶樹敬上 106.10.1（第 5 封信）

一、行政法院訴訟
時間：2015 年 6 月 2 日（遞狀）
二、行政訴訟
（1）「準備程序庭 1 次」
時間：2016 年 1 月 6 日（第一次開庭）
（2）「準備程序庭 2 次」
時間：2016 年 2 月 23 日（第二次開庭）
（3）「準備程序庭 3 次」
時間：2016 年 3 月 30 日（第三次開庭）

（4）「準備程序庭 4 次」

時間：2016 年 4 月 26 日（第四次開庭）

環保局當庭答覆：「原告訴訟內容全部都是高雄市政府公告的《第二類》，環保局當初所說第三類是錯誤的資料。」

（觸犯法律「公文記載不實」，也觸犯「詐欺」罪。）

奇怪！法官沒有當庭指責環保局【公然說謊】

（5）「準備程序庭 5 次」

時間：2016 年 5 月 18 日（第五次開庭）

（6）「準備程序庭 6 次」

時間：2016 年 8 月 23 日（第六次開庭）

父親節禮物，環保署掛號信證明垃圾車噪音是存在的。

（7）「言詞辯論庭 1 次」（第七次開庭）

時間：2016 年 9 月 20 日

合議庭三位法官。精彩內容

審判長（簡稱長）與環保局律師（簡稱律）對話

長：「公單位依法行政有困難嗎？」

律：「有 500 多人反應垃圾車聲音太小，要求大聲」

長：「民粹不能治國，更不能違法」

律：「民眾會繼續電話反應」

長：「你們要告訴民眾法律規定如此，大家要依法行政」

律：「是的，我會向局長反應」

長：「行政跟環保要與時俱進，原告要求行政合法，這是你

們本來就該做的，晚上 7 點到 10 點不要超過 57 分貝是環保署
訂出的，當然要守法」

　　律：「請庭長用公文【喻知】環保局長和解」

　　長：「等此庭記錄完成後會以信函通知」

　　律：「謝謝審判長」

義正嚴詞的法官，納稅人鼓掌。

不看皇帝臉色，只要有罪，管他皇親國戚，該辦就辦。

有慈愛善心，親自派專人明查暗訪找出真相。

查案不分日夜，幫助弱勢找證據，人格教育成功。

但是，台灣法官死背法條有餘卻道德勇氣不足，環保人權逃兵。

包公信任度96.7%

台灣的部分法官

看長官臉色，迎合意圖，若是有罪，裝聾作啞，該瞎就瞎。

無慈悲之心，人民健康人權不在乎，拒絕查明真相。

上下班坐著審判，不幫助弱勢找證據，官場教育成功。

2021.3.30 檢察官黃偉起訴彭文正，「是司法向威權低頭，將在中華民國歷史上留下臭名」，證明什麼？

（8）「準備程序庭 4 次」

時間：2016 年 11 月 23 日（第八次開庭）

10 月分開庭日不明理由取消，且倒退回準備程序庭

林彥君法官說：「放音樂是行政權，法院無法約束」。

林法官似乎忘記「行政權不能無限放大，必須受法令的約束，噪音管制標準法有特權？可以不遵守？」

林法官又說：「唯有找立委修法才能解決噪音」。

這是法律問題，不是政治問題啊！法官大人！

明明有噪音法可以處哩，為何要另外修法？

法官開玩笑說：

可以請環保局幫妳們裝設氣密窗解決，出門戴耳塞也好啊！

判決：「理念很好，個人認同，但是國情不同，政治與法律難兼顧，判你敗訴，改革失敗」

判決書 23 頁「超出一般人『容忍』之程度……」？

法官認定「容忍」因人而異，沒有法律標準。

錯‧了！

大‧錯‧特‧錯！

法律條文明明寫著 57 分貝，這就是「容忍」的底線，法官不懂？

原來法條是用來參考的。

高雄市長陳菊說：「垃圾車放的不是噪音，而是音樂。」

是不是噪音【不‧是‧陳‧菊‧說‧了‧算！】

全憑【法 律 科 學 數 字】57 分貝決定。

判決書說：或「逾法定標準」，「客觀上」不致造成侵害。

人民心裡討厭噪音，不是傷害？

人民不敢自由散步，沒有自由，不是傷害？

「法定標準」設立意義何在？主觀法條不理。

請問法官，誰能代表「客觀」？誰又能代表「主觀」？

法律條文代表「客觀？主觀？」；法官又代表什麼？

法官判決是「客觀？主觀？」「法律條文？」依據什麼？

人民不懂主觀、客觀，只知道噪音是存在的，違法的。

這就是人治的法律標準嗎？

自由人權，你可以自由選擇死或活！但是，不能自殺。

自由人權，你可以自由散步！但是，你必須能忍受垃圾車噪音。

健康人權，你可以自由丟垃圾！但是，你必須接受垃圾車噪音汙染。

健康人權，你可以自由用電！但是，你必須接受空氣汙染。

在台灣要獲得【自由健康人權】，你必須接受噪音，犧牲健康。

因此，如果有人自殺，政府會怎麼說？

教育部：我們有宣導不要自殺，這種行為不好。

高雄市長；我們有用垃圾車宣導不要自殺，願代位求償。

環保署；我們有用公文宣導不要自殺，活著靠自己。

行政院；我們有指示自由人權，自殺是個人自由。

總統府：我們反對自殺，但是更要維護自殺自由人權。

法官：法律沒有限制自殺，自殺 干 我 屁 事？

在法庭上我方主張落實基本【健康人權】，去除違法噪音。

中華民國 2009 年將國際【兩公約施行法】第 2 條規定：
「兩公約所揭示保障人權之規定，具有國內法律之效力」
「公民與政治權利國際公約及經濟社會文化權利國際公約
施行法」（簡稱兩公約施行法）

大法官會議，陳新民大法官與羅昌發大法官均認定【健康
人權】為憲法基本權利。

法官的判決無視於大法官的【健康人權】解釋，好奇怪。

懶惰的法官？

醫生測量某位學生血壓約 100mmHg，10 年來幾乎都是如此。

法官硬要說：血壓計壞了，該生絕不是低血壓。

法官又說：今天測出低血壓不代表明天仍然會是低血壓。

按常理推測，依慣例判斷，任何人都會說此學生為常見低
血壓。奇怪，法官不相信。

法官為何不親自測量此學生的血壓，有這麼難嗎？懶惰？

法官不信【噪音計】，可以親自去測量看看；

【環保署今天測出噪音不代表明天是噪音】

人民測了十年，結果與環保署相同，均不相信噪音是真的。

　　台灣廟宇林立，香火鼎盛，可惜廟祝每天敲鑼打鼓拜神明，民眾勸導不聽，縣長也不處理，於是上告大里院三品正卿朱秋金（秋鬥秋瑾名將），朱厭君（此人因討厭君王而得名），審理此宗人民告官案，看法怪異，值得一記，她們嘉言如下：

　　敲鑼打鼓非噪音，緊閉門窗戴耳塞就好了。縣長說廟宇噪音，那是昨天以前的事，不代表以後會發生噪音。敲鑼打鼓經過你家前面或許很吵，因為沒有停留很快離開，表示已經立刻改善，沒有犯法之故意（10 分鐘以內表示很快）。

　　場景放到垃圾車噪音，10 年來監測記錄 3284 筆噪音資料

　　法官說：分貝計壞了

　　（當初買的時候有原廠證明，是合格的）。

　　法官不相信。

　　奇怪！法官為何不親自測量？

　　測量垃圾車的音量，有這麼難嗎？

　　外勞都會測量，2120 元/分貝計。

　　買不起？沒時間？

　　如果真的愛護人民的健康人權，法官可以親自去測量啊！

　　反正每天都有垃圾車噪音出現啊！

　　時間、地點、錄影，這麼齊全的紀錄，大家都信，只有法官不信。

　　任舉一例證明詳實紀錄

2020.12.4；PM4：17（星期五）

高雄鳳山芯瑜幼兒園前錄影 94 秒

Lmax＝94.7dB；Leq＝93.36dB

錄影編號 740 次；測量編號：A3229

噪音汙染追蹤 2795 天

　　筆者不去猜測法官的養成教育，也不看她的政治顏色，只是好奇，介紹給讀者知道，【雙面人】常在你我身邊，請多觀察吧。

歷史紀錄

一、初期陳情

2005~2013 年分別寄總統府、監察院、行政院、環保署、高雄市長及 5 個縣市長等 81 封陳情信，請求降低垃圾車音量。

此期間無智慧手機，無法錄影照相，沒有 fb 沒有 Line 及 twitter。所有長官回信都寫【要求垃圾車司機放「適當」音量】，可見官員素質統一。各縣市長另一官箴名言是【各縣市都是如此】，撇清責任。

二、前期陳情

2013~2017 年有手機，有錄影，有照片佐證。

三、第一本書

2014 年 6 月【1016 地球噪音日】麗文出版

四、2016 年 6 月 1 日，第一次法律訴訟

五、2017 年 6 月 19 日法院判決敗訴

2017 年 6 月 22 日 10 點 30 分，來了東森、年代、TVBS、中天、民視等 8 家媒體（架了 8 台攝影機）來寒舍採訪，一窩蜂地來高雄關心噪音環保？應該是好奇心作祟吧！

記者們好奇，為什麼有人這麼執著反對噪音，居然告高雄市環保局違法。更好奇，問本人要不要上訴最高行政法院。

【一日飢渴新聞】瞬間滿足之後，不再關心噪音是否改善，不想關心法官荒謬判決。馬照跑舞照跳，噪音繼續吵，媒體不再關心人民訴訟【健康人權的需求】。

　　但是，有一家媒體例外，那就是中天新聞台，2個月後中天特派一位女記者及一位男士攝影師，親來高雄實際測量垃圾車噪音，做專題報導。

　　這位女記者就是陳思思小姐，我不認識這位陳小姐，但我衷心感謝中天關心健康人權，這種對弱勢及全民健康人權的用心，雖然不成功，但也為台灣健康人權撒下一粒種子，終有發芽的一天。

　　媒體不是為特權服務，應該照顧弱勢，為正義伸張，中天做到了。

　　很可惜，正義之聲中天電視台居然被蔡英文廢掉，天理何在！

　　人人都有放音樂及聽音樂的自由，但是不能強迫別人聽你放的音樂，因此都必須遵守噪音法規。

　　同樣的，人人都有使用遙控器的自由，選擇自己喜歡的電視台，不能因為你討厭某家電視台，就把那家電視台毀滅。

六、第二本書

　　2017年1月【噪音聲押匹婆】樹人出版

七、**繼續陳情，直到地老天荒，海枯石爛，健康人權愛心永不變。**

　　開懷豬狗審判故事

　　豬狗法律官司（豬頭、狗官辯論）

　　台灣本土豬，個頭小溫馴有禮貌，肥胖可愛。

美國退休豬，食瘦肉精粗壯結實體臭毛多，收台灣保護費渡其餘生。

台灣有本土狗，個頭中等溫馴，隨便大小便，忠厚老實但吵死人。

台灣外來狗多數來自日本遺族，陰險狡猾，狗眼看人低，卻又狗丈人勢欺侮弱小，俗稱慰安狗。

話說

兩位環保權貴人士，各帶 1 條狗在公園散步，天雷勾動地火，2 條狗演出狗與狗的聯結，突然間垃圾車噪音迅至，公狗立即縮龜。

母狗主人大怒說：不要狗眼看人低，我家狗兒可是個小姐。突然把狗撤走，罵對方不講人權也不講【狗權】。

男狗主人說：我家狗兒是薇閣老手，是垃圾車噪音害的。

於是一起告官垃圾車

台灣環保署長與美國退休環保署長共審此案

台說：大膽狗兒不知羞恥，公然恩愛還要怪罪垃圾車，又傷害二位環保【狗權】人士，罰這二條狗 5 天之內禁止見面。

美說：大膽狗官判決，狗與狗的聯結美國人好奇想看，不能傷害【狗權】，也不該限制民眾【欣賞權】，只能怪垃圾車放錯了音樂，應該大聲放進行曲助興，均無罪。

豬農養了台灣肥母豬又進口美國萊克公豬，有一天公豬春情發作性侵母豬，突然遇到垃圾車噪音攻擊，聯結瞬間喊喀，

主人替小姐母豬抱不平，不該讓小姐失望，盛怒下拔掉豬鞭，被環保人士告了官。

同樣的法官

台灣法官：大膽母豬色誘公豬，幸虧垃圾車擴音器及時解圍，罰母豬吃瘦肉精 2 年，公豬體毛必須移植到明顯處。

美國法官： 大膽台灣豬頭判決，豬兒聯結【豬權】應受憲法保障，美國人愛豬權。主張垃圾車加裝攝影機，錄影恩愛版權發售賺錢。噪音不能怪罪豬，莫責罰。體毛無法移植門面，莫強求，均無罪。

判決；台用 6600 萬元向美法官員致歉【未落實豬權】，這 2 頭英雄豬送到美國表演，並向外宣稱【豬權和萊毒與噪音無關】

人民遇見困難之事要如何處理？

一、尋求政府官員系統，根據 14 年來陳情經驗，官員要睡醒比中樂透還要困難。

二、法律系統，個人經驗告訴人民，台灣法律不可靠。

下雨大家都認定的事實，法官則不然，必須要原告證明他降的是【雨】而非其他的物質，例如降【油或酒精】。既使環保局證明降的是雨，法官仍認為那是昨天降雨，今天降的不見得是雨。

原來法律是天龍國的邏輯，服務權貴而設立的，看看歷史

背景，當初英國法庭設立的陰謀就是如此，為權貴脫罪的最佳演技獎。

三、尋求民意代表系統（參考就好）

四、祈禱神明：安慰劑，沒什麼不好，可以試試看。

五、自立自強

施行範圍限本人住家 $5Km^2$ 範圍內，花錢購買自由

（A）金錢萬能法（參考第八章）

（B）和平理性均無效時應成立【慈悲專案大隊】

成員招募對象：不限性別及年齡與國籍，具善念且能守法者。

基本配備（自備）：手機，錄音錄影設備，藍芽喇叭且能播放垃圾車音樂者。

服務對象：貪官汙吏及迫害健康人權者優先。

辦法：以自備擴音器播放垃圾車躁音，稱之為【反射鏡法】。

（C）反射鏡法

（1）方式：參考第八章領獎金或餐券。

（2）地點；限高雄市住宅區為主，市長及議員住家附近更好。

（D）老天爺警告法，亦稱天將神兵法。

（1）適用時機：當你發現垃圾車擴音器噪音超過 80 分貝者（法定上限 57 分貝）

（2）方法：天將神兵法。（詳情請參考第八章）

六、腦力激盪法

（A）快閃法（噪音回擊）：

用高空沉降產生噪音反擊噪音源。

用鞭炮回擊或用敲鍋盆等創意方式回擊。

學豬吟、學雞叫，所有方法必須不傷害人且不違法。

（B）網路法：比照 1450 網路攻擊【五眼聯盟】。

（C）羞辱法

學柯賜海在【五眼聯盟】鏡頭處舉牌請求改革噪污。

七、業務外包法：**能使擴音器消失者，獎金 200 萬元。**

【五眼聯盟】沒有做不到的事，只是看他們的態度吧！

高端疫苗按劇本，果然通過，政府萬歲！

萊豬進口愛美國，果然通過，政府萬歲！

火力發電靠權力，果然通過，政府萬歲！

取消核電藉宣傳，果然通過，政府萬歲！

噪音污染裝聾瞎，果然不改，政府萬歲！

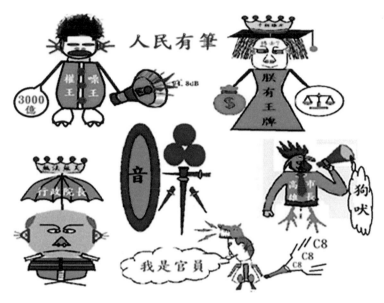

人民還有筆，人民會寫書，書中啓發善良。

教育讓孩子能實現夢想，請不要傷害孩子的成長

第七章　教育、制約及人權

教上行下效，育養子使作善，教育失敗人民沒有未來。

行政首長上賤下爛，孩子們有樣學樣，能教育孩子嗎？

有朋友說：「你用道德制高點指責這些官員，基於人性軟弱，他們不可能認錯，因此就不可能改革」

確實，但是我把做人與做事分開，做人方面是私德，不能用道德強迫。做事就不同了，做事面對的是人民公眾事務，馬虎不得，健康自由人權是全體人民的權利，政務官員應拋開政黨利益，全力維護。

官員（尤其是五眼聯盟）必須為噪音汙染健康人權向人民道歉。

至於道德方面，不敢自誇，但是絕對敢說比【五眼聯盟】好很多，至少不會公然說謊，競選時說【我當選後絕對會維護台灣健康人權】，當選後全部耍賴。14 年陳情告訴人民，說謊白七成為政客的雅號。

例如：環保署 2020 年環境白皮書白紙黑字寫著

貳、環境保護策略與措施檢討

二、推動公害防治

（六）噪音及振動管制……

結果如何？【聾瞎】與【龍蝦】無法區別，【五眼】與【無眼】學生。在天主面前，沒有所謂的壞人，只有做錯事情的迷途羔羊，筆者只想認真的告訴五眼聯盟的官員，噪音汙染人權你們做錯了，請立刻更改好嗎？你們的一言一行都是最棒的教育學習模範，請你們謹言慎行。

教育的範圍很廣，非三言二語就能說清楚，筆者專對教育與制約做些討論，最終目的在於讓學生【尊重他人，實現自我】

制約是教育行為學常用的方法，借制約手段達到某些教育目的。

所謂基本人權範圍也是很廣，人權的基礎建立在彼此尊重與承諾。現在的社會功利主義掛帥，許多人會想到利用制約達到功利目的，例如 1450 用網軍制約網民，謊言寫了 100 遍也變成真的了，這種制約是政治嗎？不！這是嚴重的錯誤教育示範，為了政治再齷齪的事都可以做嗎？筆者以老師的身分嚴厲反對，垃圾車噪音及隨車政治廣播，本質上都是【惡劣制約】。

教育人員應善用制約而非亂用制約。政府官員不能盲目亂用制約左右人民，讓人民發自內心的彼此尊重，才會用愛心關懷社會。

　　教育是提升人民階層最有效的方法，突破窮困就靠教育。

　　1948 年 12 月 10 日，聯合國大會通過的《世界人權宣言》第二十六條就規定：「人人都有受教育的權利」。人人都有機會提升自己的社會地位。文盲多的國家，永遠是落後的國家。

　　如同世界衛生組織憲章序言「健康人權是普世價值，不因種族、宗教、政治信仰、經濟或社會情境而有所分別」

　　這二種世界宣言共同目的【藉由教育提升健康人權，實現普世價值】。

　　很不幸，台灣的教育染上貪婪、隨便、功利、吹牛 B、好大喜功等壞習慣，所有的【溫良恭儉讓】都不見了，最可怕的是【廉恥】消失了。【五眼聯盟】10 年不改革，變成【無眼聯盟】！讓人感嘆【商女不知義廉恥，隔海猶吃龍蝦花】，領頭羊【聾瞎】行政，確實帶壞了教育風氣。

　　最明顯的例子，政府為了賺 4000 億手續費，股票長期實施「當沖」，這是飲鴆止渴，站在教育立場來看，簡直是死要錢不要臉的行政。

　　國民教育是義務也是權利，其基本精神就是用教育來維護普世價值。

　　筆者強調，教育是中立的，不因性別、種族、宗教及政治立場而被限制，因此政黨應退出校園，政黨的利益不該左右教育，教育完全支持健康人權的維護。

　　政黨退出校園，教育不得為政治服務。說個題外話：

41 年前筆者去應徵中正預校教師甄選，當時的口試是一位少校人事官負責，當時的場景

人事官說：王老師你好，我看了你筆試的成績很好，試教分數也很高，但是看了你的報名資料，好像沒有加入國民黨？喔……

筆者回應：請問教書和入國民黨有關嗎？

政治如同教育，上行下效，可想而知當然沒有錄取。

12 年之後，筆者搬家至鳳山，又來報考中正預校教師甄選。

筆者仍然沒有入國民黨，報名表取消填寫政黨一欄，筆者被錄取了。

至預校退休為止，筆者仍舊沒有加入國民黨。

至此說明一點，執政黨進步了，中正預校與時俱進改革了，也就是教育中立的價值呈現了。

十年樹木，百年樹人，台灣要長久立足，唯一的選擇就是教育，進步的教育才有進步的台灣。很遺憾，10 年來五眼聯盟只知道政黨利益，特權噪音只為選舉鋪路，以教育立場而言，台灣比 30 年前更退步了，沉迷在【權力的傲慢與貪婪】，醉生夢死。筆者曾經寫信給教育部，請協助改善噪音污染，應把噪音列入聯考試題，教育部沒有反應。

所有人都明白

教育要傳遞給學生的基本【教育價值】就是

【維護健康人權是普世價值】。

【五眼聯盟】高官們，不分藍綠都反對噪音汙染改革，14年來藍綠輪流執政，輪流放任噪音汙染台灣，【健康人權】淪為口號，課堂中的噪音教育，沒有落實生活中，這是誰的責任？

健康人權與自由人權是所有台灣人民應該享有的權利，老師要教，政府官員更該做表率，與哪一個政黨執政無關。

什麼樣的政客就會教出什麼樣的學生【教者上行下效】

看到大學生在立法院對教育部長的表現，非常憂慮，是誰在帶壞學生？誰又為學生做了最壞的示範？

當了一輩子的老師，一直強調要「尊重」，要「守法」，老師以身作則，例如要求學生不喝垃圾飲料，垃圾分類、紙類回收，上傳統批發市場自備塑膠袋，錯車時不打遠燈怕妨害到對方車輛視線，上手扶電梯靠右等，所有出發點都是「尊重」與「守法」，老師帶頭做示範。

31 年前筆者在美和中學訓導處首創【犯錯學生申訴會】，避免誤判學生，當事人可以出席會議，尊重【學生人權】，【教育啟發比記過處罰來的有效】。筆者始終認為【善良來自於人性】，我們要啟發人類善良面，尊重人權，從學生開始，讓社會充滿溫馨。

【尊重學生人權】與【尊重人民健康人權】是相同的人權。

看看垃圾車放音樂或者政令宣導，它本來就是噪音（因為音量超過法律標準），但是五眼聯盟硬說【不是噪音】，好像明明是【強姦】卻硬ㄠ說【不是強姦，是生理需求】。

　　為何政客說這種話面不紅氣不喘，不知羞恥成為常態，在台灣眾多官員中有【羞恥心】者成為異類，孰令致之？年過 40 歲者，沒有理由怪罪父母、怪罪師長了！

　　許多人（尤其是政客）一遇到事情就先怪罪別人，千錯萬錯都是別人的錯！長期眼瞎耳聾，有句名言，千錯萬錯全是【馬維拉】的錯。

　　【老師沒有教你好好做人嗎！】

　　最明顯的例子

　　五眼聯盟說：【垃圾車各縣市都如此放音樂】，把責任推別人。

　　大家都貪汙，所以我貪汙，貪汙合理化，噪音也合理化。

　　要勇敢說【我不會貪污、我不搞噪音，違法之事我不做】

　　無眼聯盟說：【我要求司機放「適當」音量】，甩鍋給垃圾車司機。

　　五眼聯盟應該說：【我要求司機放法律允許音量】。

　　真好笑，何謂【適當？】，【無眼】就是【五眼】？

　　侯友宜說：不負責任的官員就是尸位素餐，絕對適用在【無眼聯盟】。

　　教育心理學對制約的應用

　　紅綠燈守法的習慣養成，闖紅燈被警察抓，處罰，累犯，加重其刑，大家怕被罰因而不敢闖紅燈，制約成功（未必是教育成功）

　　科技進化，闖紅燈自動照相，大家更守法了。但是沒有設置自動照相設施者，仍然許多人闖紅燈，於是路邊防賊攝影機，配合高科技自動傳信號，闖紅燈的成本代價更高，加上民眾智慧手機檢舉告發，拜高科技之賜，闖紅燈者變成稀有。

　　因為闖紅燈者變少，這些闖紅燈者變成稀有異類，眾人反而投以異樣眼光，好像在責罵闖紅燈者不尊重生命。

　　因此，生命教育在這一塊反而成功，大家制約成有文化尊重生命的城市，因怕被處罰的制約，因而內化到生命的尊重，國際上因而受到讚美，這種制約中外古今全適用。

　　制約不是全能，應該要適當運用，

　　制約人民守法習慣是正確的教育，制約人民做小惡是錯誤的教育

　　制約人民做【便宜行事】是錯誤的教育，例如噪音行政。

　　明知噪音違法，官員無所謂的行政，反而把人民制約成無所謂的遵守。

　　太魯閣事件死亡 49 人，因施工單位【便宜行事】，鐵路局行政怠惰，未依法做好基本防護措施，釀成大禍。

　　COVID-19 防疫【便宜行事】忽視疫苗，結果死了 773 人。

　　說真的，台灣垃圾車噪音制約的目的適得其反，最壞的教育示範。

　　垃圾車噪音響起，人民制約倒垃圾，如果垃圾車擴音器臨時壞了，民眾就慌亂不倒垃圾了，隨地亂丟垃圾合理化，失去

羞恥心了。

如果碰到路邊放電影或婚喪喜慶，吵得不得了，垃圾車音樂根本聽不見，此時垃圾車只好把音量開到最大，用壓倒性更大的噪音喚醒民眾倒垃圾，整個社區只能用【吵死人】來形容。

有一次市長選舉，在鳳山五甲社區有位候選人（外號機車議員），在巷子口宣傳，正巧碰到垃圾車經過，互不相讓，只好比音量，當時的音量達 129dB，分貝計破表，垃圾車、候選人都在制約選民，刷存在感？

噪音制約人民倒垃圾，出現下列缺點：

A. 音量愈來愈大，否則人民聽不到。

B.【聽不到音樂】錯在垃圾車，亂丟垃圾合理化，沒有羞恥心了。

C. 反環保教育，丟垃圾是本來就該有的行為，好像闖紅燈本來就是人民不應該有的行為，不愛惜自己生命，也不尊重他人生命。有些懶惰又不負責的人，不願意看手表，也不願意多花費 2 分鐘等待垃圾車的來臨，寧願等到噪音響起才立刻衝出來丟垃圾，只貪圖那 1 分鐘的耍賴時間。如同闖紅燈，只為省下 1 分鐘的快感？

闖紅綠燈易造成車禍死亡，追趕垃圾車更危險，邊跑步邊甩垃圾不危險嗎？撞到其他車輛或者垃圾甩到地上或者是路人甲，不危險？環保嗎？尤其是騎機車或是腳踏車衝過來的人，最危險。筆者統計本公園每天都至少有 3~11 人是機車快閃族，

對任何人（含車斗女清潔員）都非常危險。

政府防疫 COVID-19 命令

外出要戴口罩

保持社交距離 1.5 米。

事實上

全程有 18 個人倒垃圾

其中

2 位騎機車丟垃圾

1 位騎腳踏車

全部只有 5 個人戴口罩

全台灣人都看過這種場

景，【無眼聯盟】沒看過？

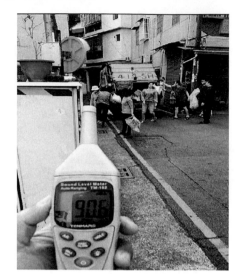

家祭 11 人開罰，照片 18 人不罰，噪音也不罰，【五眼聯盟】態度？

誰令這種丟垃圾方式，產生如此多的危險行為？**環保局長**

誰令靠噪音收垃圾的賴皮人，為偷懶 1 分鐘找藉口？**高雄市長**

誰下令垃圾車用噪音便宜行事？**環保署長**

誰下令說垃圾車噪音是合法的？**行政院長**

誰允許特權？誰鼓勵政府單位違法？誰藐視健康人權？**總統**

【五眼聯盟】，應該說是【無眼執政聯盟】

教壞人民【特權可以違法、噪音可以合理化、吹牛健康人權】

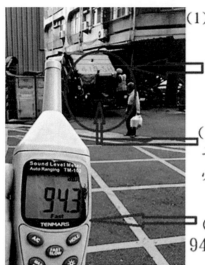

(1)除非戰爭逃難
　　任何人
　　禁止站立車身外面

(2)
車在行進間
必須關閉車門

(3)
94.3分貝違法噪音

三個違法行為，政府帶頭違法
誰是兇手？誰該入獄？

陳其邁、張瑞琿兩位好：信 008

　　垃圾車清潔員（歐巴桑），站立車斗上摔落喪命，女人的命也是命，想請二位夫人實際參與此危險工作 4 小時，理由如下

　　言教不如身教，作秀不如做事，體會健康人權的意義，何況兩位夫人符合歐巴桑條件。本人免費提供高額意外險。

　　另外

　　補助垃圾車司機 200 萬元案或補助人民 200 萬元案；App 免費設計案等改革噪音辦法，若您們想要改革噪音汙染的話，

請來信索取。

　　祝　健康與自由人權萬歲

王寶樹敬上 2021.4.11

附件：歐巴桑站立車斗噪音照片

政府 14 年來不作為，教育最壞的榜樣

　　在政客的眼中，制約只是殺人的工具，存粹是政治制約。

　　美國利用海豚裝炸彈，模型軍艦制約，達到真正毀人軍艦目的。

　　中國利用兔子裝炸彈，模型飛機制約，達到真正毀人飛機目的。

　　台灣噪音制約目的

　　省錢、不用頭腦不求進步。

　　選舉，聲音刺激強度能引起的反應閾限（threshold），不用錢就能達到選舉宣傳效果，制約選票。

　　台灣的 1450 也是一種制約，只是用的工具是無聲的網路。

　　凡是在大眾媒體（電視、廣播）上出現訊息，只要接觸到接收者的感覺器官（視覺、聽覺），無論接收者有否注意，都會產生廣告宣傳效果。政治人物為選舉，利用垃圾車公器「發聲」，就是貪汙。

充滿謊言的教育

【說謊的孩子鼻子會變長】根本就是謊言

大人問小孩子：你為何愛說謊？

小孩子說：我喜歡鼻子變長，像大人一樣漂亮。

小孩問大人說：大人為何愛說謊？

大人說：鼻子長的人容易當官。

小孩子說；我看官越大的人鼻子不是變長，而是變肥變短，反而愈來愈像佩佩豬，我不想有個豬鼻子（小孩學會了說謊）。

韓國人力銀行網站對 1000 多名企業人事做了一項調查，其中有 85.8%的人曾認為面試者在說謊，並舉出最常講的七大謊言

第 1 名 薪水多少不重要

第 2 名 周末加班沒關係

第 3 名 只要錄取什麼我都願意做

大人說謊不臉紅，為了生存。

【五眼聯盟】說謊，為了什麼？

小孩說謊心跳加快，大人也會啊！【五眼聯盟】會嗎？。

台灣最大的謊言來自於政客

對著國旗宣誓效忠中華民國，卻從來不拿國旗。

對著選民說絕不貪汙，卻家財增加萬貫。

民之所欲，長在我心，朕之所欲，就是民欲。

政客眼中【世上只有孩子和傻瓜相信謊言】。

台北市 8000 元男女同事分租（含稅）？

2016 年 5 月 8 日新政府宣誓【健康是基本人權，是普世價值】

結果是【噪音汙染是基本行政權，無關健康人權】

【謙卑、謙卑、再謙卑】你相信嗎？

千杯不聽、千杯不看、再千杯也不理健康人權

美國說【中國對新疆維吾爾族 560 萬人種族滅絕】，維吾爾族消失了？你相信嗎？

美國摧毀中國靠謊言？

台灣官員說【維護台灣人民健康人權】，你相信嗎？

台灣政客要用噪音屠殺台灣人權？

國際間【爾虞我詐】，目的是為國家生存，情有可原。

政客彼此間【爾虞我詐】，目的是為自己【吃香喝辣】，罪無可逭。

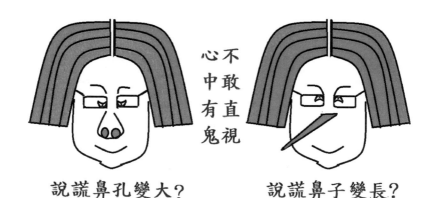

不敢直視 心中有鬼

說謊鼻孔變大？　　說謊鼻子變長？

耳朵不見了：千鈞一髮，腦袋玩髮，耳朵魔髮，無人守法！

大體來說行為學派是外鍍（outside in）是被動的，非長久之計。

人本主義學習論屬內發（inside out），是理性思考後的行為。

人本主義需求要被尊重（Esteem needs），噪音制約是踐踏尊嚴。

公車到站不按喇叭，因為怕吵到無辜之人，改用高科技 App 通知。

【五眼聯盟】用行為學派控制人民，噪音控制人民倒垃圾。沒有教導人民【倒垃圾是人民愛鄉土的責任】，【五眼聯盟】藉噪音刷存在感，政治宣傳，藉噪音掩飾自己的無能，無視噪音汙染，更是破壞健康人權的病人。

小學生最守法，最有道德感。

上課服裝整齊，不穿拖鞋，不吃炸雞

大學生不守法，上課服裝不整，穿拖鞋，吃炸雞

【五眼聯盟】衣著整齊，惜無眼夷狄之人貪而好利，被髮左衽，人面獸心，天下奇能異事？奇恥大辱莫過於此。

筆者 2013 年問卷調查證明民眾

85.8％支持「愛地球與生活品質」

56.9％民眾會看手錶提前幾分鐘等垃圾車

（現在 99％人民擁有手機，沒有手機掃描 QR-code 無法進

入賣場）

56.6％民眾認為環保局長該為噪音汙染負責。

39.1％民眾認為市長要為垃圾車噪音事件負責。

問題是市長有權指揮環保局長，市長責任推給環保局長，環保局長說市長沒有下令改革噪音汙染，誰推誰？誰咬誰？噪音永遠存在。

同樣可怕的食物鏈

總統不要求行政院長改革

行政院長不要求環保署長改革

環保署長指揮不動高雄市長

就這樣噪音污染永遠存在

【無眼聯盟】依舊存在，健康人權依舊消失。

因此，垃圾教育首先應著重在法律教育，【五眼聯盟】應從守法開始。

社會學家班杜拉（Bandura）認為自律行為是經由觀察模仿的歷程養成的。換句話說，大人是孩童學習的榜樣。

【五眼聯盟】藐視法律，做學生模範，愛說笑！

上位者必須慎重行為（教者上行下效）

它們做領頭羊的模範，權位高者必須要謙卑，尊重人民生活安寧品質。

康德主張，自律必須建立在遵守法律的基礎上。

人本主義心理學（humanistic psychology）

筆者身為老師，特別強調人的正面本質和價值。經常提到馬斯洛（Maslow）需求論

1. 生理需求（Physiological needs）

2. 安全需求（Safety needs）

3. 隸屬與愛的需求（Love and belonging needs）

4. 尊重需求（Esteem needs）

5. 自我實現需求（Self-actualization）

人是有理想的動物（五眼聯盟只重視生理需求）

2000 年蘋果賈伯斯（Steve Jobs）說：

「活著就是為了改變世界」。

2010 年「瘋狂夢想家」馬斯克（Elon Musk）說：

「不為了錢做事，只是單純為了夢想」。

這二位世紀偉人都有一共同特點，那就是人生充滿「夢想」。這也是筆者教書常說的「自我實現」。鼓勵學生實現夢想。

「如果不能改變噪音歷史，至少也得讓歷史留下【曾經努力改革噪音】美好的一頁」，表達筆者的「自我實現需求」。

筆者很想知道長官們有沒有做過「高雄要更好」的夢？

噪音政策要傳遞給後代子孫嗎？

生活「不被吵」是多麼奢侈的願望？

別忘了

高雄市民 85.8％支持「愛地球與生活品質」，讓人民不受噪音干擾，人民只要求安安靜靜吃碗麵，可以嗎？

外國媒體到食人國，看見大批身材美好的女人裸體驚訝人間有此自由仙境，讚美食人國自由民主，藝術水準高。

外國媒體到台灣，看見大批垃圾車擴音器放出 94 分貝的音樂，驚訝台灣人音樂自由仙境，讚美台灣自由民主（不守法），音樂水準高。

這些媒體回國之後，不敢要求它們的國家女人裸體自由，不敢要求噪音自由廣播，所有【羨慕】都是假的，因為這些行為沒有國家法律會允許。

美國愛看自由裸體，為何美國境內看不到女人自由裸體散步。

美國愛聽噪音音樂，為何美國垃圾車不能隨便放送音樂噪音？

聖經「人知道怎樣做對的事，卻不去做」，也是一種罪。（雅各書 4：17）

聖經提醒我們，不要因為犯的錯很小，就覺得無所謂，因為小錯可能會成大過，導致我們違反上帝的律法。（馬太福音 5：27, 28）

《三國演義》：「勿以惡小而為之，勿以善小而不為。」

噪音吵人事小，違背法律事大。

噪音吵人事小，違背人權事大。

便宜行政事小，錯誤教育事大。

噪音選舉事小，變相貪污事大。

　　菩薩會懲罰惡人的！不，會懲罰做壞事的人。

　　人們行善的目的是什麼？

　　一、寫文章、出版書本、陳情 519 封信給行政主管機關，這些非暴力的改革噪音訴求就是行善，有效嗎？

　　你相信天主教瑪竇福音（十八 21-35）寬恕別人 70 個 7 次嗎？

　　筆者相信【人性本善】，政客被利益熏昏頭，會有清醒的一天。【遲來的正義非正義】，雖然如此，只要有改革，筆者都願意我們的後代子孫能得到正義人權保障，那也值得。擺爛官員的齷齪行政，將會被拿來當作後代子孫行政的檢討樣本。

　　不良行政怕被神明處罰所以行善？那表示神會處罰壞人嗎？

　　別天真了！若神會處罰貪官污吏的話，世界早就和平了！

　　二、請求神明獎勵好人嗎？

　　神不會懲罰壞人那該怎麼辦？祈禱壞人被處罰嗎？教會的立場不能祈禱壞人被懲罰，只能祈禱錯誤的行為改正而已。不能以其道還之於人。

　　好在，人類發明了法律，違法的人民會受到法律懲罰，但是對貪官污吏的違背法律行為，似乎沒有受到相同的處罰，原來神明也有無能的一面，這時候人類想到【活的時候你得意，

死後看你再得意】，於是鞭屍、報復子孫成了人民替神找回公道的心理安慰劑，文人則採取文明又長久的方式，用文章記錄貪官汙吏罪刑，讓歷史做無言的批判，幫神明找回威嚴，史記、水滸傳、金瓶梅等著作，用文字闡述善惡，找出人性本善的天性。

宗教慈悲為懷，宗教安慰人心。菩薩在施無畏，盡力行善，死而後已。

噪音
不分男女老少
陰陽黑白
藍綠紅黃
全都吵
無依倖免

天主教利伯他茲（Libertas）教育基金會強調【無懼的堅持 無懼的愛】，傳遞真正的自由。健康是自由的基礎，沒有健康就沒有未來。

　　筆者身為老師，對學生無懼也無盡的教師愛，推己及人及社會所有天主子民，願大家平安、健康。

人民的真誠努力政府看不到

人民用心做環保
政府用錢做外表
爛！爛！爛！
10年電腦資料
共紀錄3284筆
錄影795筆
紀錄累計3004天
陳情總統、行政
院長、環保署長
高雄市長、監察
院超過1000封信

第八章　噪音改革辦法

天主經

　　我們的天父，願祢的名受顯揚，願祢的國來臨，

願祢的旨意奉行在人間如同在天上。

　　求祢今天賞給我們日用的食糧，求祢寬恕我們的罪過，

如同我們寬恕別人一樣，不要讓我們陷於誘惑但救我們免

於凶惡。

　　感謝天主給我們日用食糧，我們一無所缺，願意把日用糧

與大眾分享，願意把退休金積蓄拿出來做善事，200 萬元花在

健康與自由人權，但求天主讓人民免於噪音帶來的凶惡，人人

都享平安與喜樂。

噪音改革非口號，非作秀，真心關注健康人權

出錢、出力，絞盡腦汁想出來的改革辦法

除噪音、做功德、送大餐、任您選

有意參加改革者請加入 fb 無噪音環境聯盟或王寶樹 fb，

或來信 83099 鳳山新富郵局第 172 號信箱　王寶樹先生 收

或 e-mail：baoshu@seed.net.tw

噪音汙染	→ 五眼 ←	COVID-19
哪裡不吵人	→ 無眼 ←	哪裡不死人

心理麻木（Mental numbness）

【五眼聯盟】常說：政府沒錢改革噪音汙染。

政府真的沒有錢嗎？

5 月筆者繳 8658 元房屋稅，政府花錢做沒有必要的廣告

省下錢改善人權吧！

下面的廣告有意義嗎？浪費公帑！

颱風天要防颱。

寒流來要多穿衣服。

每天要吃飯大便保健康。

要記得早睡早起早繳稅。

睡覺要穿衣及關窗，小心，小三在你身邊……

台灣媒體被收買的原因？

壹、獎勵辦法（費用由作者捐獻）

一、獎勵垃圾車司機（4年200萬元）甲案

1. 範圍：

　　以筆者住家為中心 5Km² 內之區域（鳳山新強里、海洋里、新泰里、新樂里、國光里、新富里）

2. 對象：

　　限定公營垃圾車司機，本人支付每車司機第一年獎勵金 10 萬，第二年 15 萬，第 3 年 20 萬，司機採自願方式，不得強迫。

3. 辦法：

　　在範圍內之垃圾車禁止使用擴音器放音樂或政治教條宣傳。

4. 簽約

　　在律師見證下簽約，並送入法院公證。

5. 罰則

　　簽約司機若違法播放噪音，任何住戶人民舉證若屬實，依約定罰款，若三次違約則取消合約並全數退還全部獎勵金。

※有人說，這種方法太為難司機了

　　確實

環保局官員說：沒有強迫司機用擴音器。

但是，如果有人民反映沒有看到垃圾車來，司機要負責任。

又說：收垃圾採責任制，司機必須要負責收完才可以回家。

根據經驗，垃圾車是非常準時的。怎麼可能垃圾車不來。

偷懶民眾會怪罪垃圾車沒有來，1999 電話告狀，環保局也不查清楚狀況，也就胡亂指責司機，其實路邊監視器可以證明垃圾車司機是無辜的。

因此，參加的司機必須是自願參加，提供獎金或者餐券是獎勵他們的善行，他們有可能被上級懲處，提著腦袋做善事，當然要有獎勵。

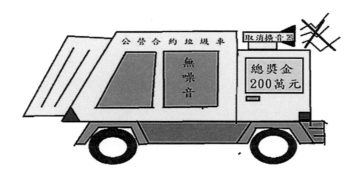

除噪音 做功德
送大餐 任您選

健康人權

無噪音車

高雄市
垃圾車

拆除擴音器

司機年領
50張餐卷

免費餐卷

任選10家飯店自助午餐券
(1)林皇宮百匯
(2)國賓海鮮自助
(3)饗食天堂
(4)霸壽艾可柏菲(待確認)
(5)漢來海港餐廳
(6)帕里巴黎自助餐
(7)義大皇冠星亞自助餐
(8)義大百匯自助餐廳
(9)夢時代蔬食百匯餐廳
(10)漢來蔬食 巨蛋店

※1獎閱 任限高雄市

154

二、獎勵垃圾車司機（4年200張自助餐券）乙案

　　有人說用錢做獎勵怕被扣稅，也怕被扣上貪汙罪名，因此改用自助餐券，可以和朋友一起吃，也可以邀請環保局長一起共享，這樣子就沒有法律與白色恐怖問題。

　　因此改為1年獎勵司機50張餐券（可任選）。只要能保護健康人權，在財力範圍內，任何獎勵方法都可以。

三、設計垃圾車 App 程式（4年200萬元）

1. 請台大資訊所畢業，幫忙設計 App 程式。
2. 適用範圍限【筆者住家為中心 5Km^2 內之垃圾車】。
3. 範圍內之住戶請高雄市長派專人教導使用 App。
4. 簽約之司機不得使用擴音器，違者依約處罰。
5. 99%人民有手機，如同疫情般使用 App。

四、科技除噪音法

智慧路燈
解決噪音

垃圾車到站
1公里內特殊燈號會閃
車離開10米，燈號自動
熄滅
特殊燈號閃燦時，電子
面板會顯示時間
智慧照明燈開始錄影，
防止人民違規

智慧照明燈
太陽能電板

遇到地震、火災、戰爭
警匪槍戰等危險狀態
看板會發出警報聲
也會發出特別燈號

垃圾車專用特殊燈號
電子面板時鐘
充電樁
監控器，5G小基站

數位看板

電線桿

（可以做商業廣告）

科技解決噪音方法
人民贊助4年200萬元

156

五、政府官員加強道德教育

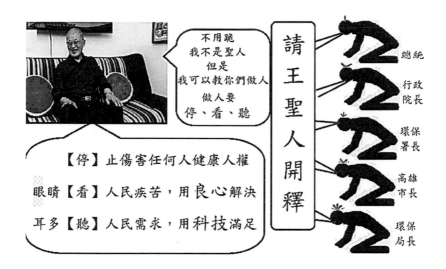

不用跪
我不是聖人
但是
我可以教你們做人
做人要
停、看、聽

請王聖人開釋

總統
行政院長
環保署長
高雄市長
環保局長

【停】止傷害任何人健康人權

眼睛【看】人民疾苦，用良心解決

耳朵【聽】人民需求，用科技滿足

　　沒有道德的官員比山賊還要可怕，山賊講義氣，講道哩，不會殺好人，只是要錢而已。

　　錯誤的政策比貪汙可怕，眼瞎耳聾睡大覺的官員比貪汙更可怕！

六、陳情民意代表（雖然無效，仍然會繼續陳情）

　　看看人民的用心改革陳情

曾麗燕議長：您好信 009

　　…… 科技來自人性，自由人權來自法律的保護，科技服務助人而非傷人，法律非用在服務政府特權，而是在保護人民健

康人權。想一想，到處出現的噪音汙染，人民能有自由行動人權？……

保護健康人權，此乃普世價值…

　　小市民我也願誠懇出錢 50 萬幫助改革噪音汙染（更深的一層是找回法律的尊嚴），找一個市區 5km² 做實驗好嗎？（市區人口眾多，健康人權更須保障，況且先進國家市區均無此噪音出現，值得我們改進）請議長幫忙，讓我們一起來推動改革噪音汙染實驗示範區，成功之後就可以推廣到全高雄市，將是全民之福。

　　　祝　平安健康

王寶樹 2020.11.17 鳳山

鄭光峰議員：您好　　信 010

　　…垃圾車擴音器超過法律限定標準是事實，環保局似乎束手無策，不敢面對改革，其實用 App 科技，定時定點出現（如同公車），像公車一樣，不用再按喇叭通知民眾搭公車。……出錢 50 萬元幫助改革噪音汙染（更深的一層是找回法律的尊嚴），找一個市區 5km² 做實驗好嗎？（市區人口眾多，健康人權更須保障，況且先進國家市區均無此噪音出現，值得我們改進。

　　　祝　平安健康

王寶樹 2020.11.17 鳳山

申請函（119 封）中華民國 110 年 1 月 11 日於高雄鳳山

受文者：高雄市長陳其邁　信 011

副本收受：國民黨議長曾麗燕，民進黨議員鄭光峰，無黨籍吳益政議員

主旨：請協助人民合法購買健康及自由散步人權。

說明：獎勵辦法很簡單（預計 4 年捐款 200 萬）

（A）垃圾車司機有權自由選擇參加。

（B）本人支付每車司機第一年獎勵金 10 萬，第二年 15 萬，第 3 年 20 萬。

（C）適用範圍限【本人住家為中心 5Km^2 內之垃圾車】。

（D）簽約之司機不得使用擴音器，違者依約處罰。

（E）人民不是刁民，陳情旨在解決健康人權問題，此乃 WHO 強調的普世價值。

平安健康　自由喜樂

王寶樹 敬上 2021.1.11 於鳳山

附件 109 年 12 月噪音統計表

上述陳情超過 10 年，雖然如此，改革噪音汙染是必須的。

七、大型工程治汙染方案（政府預算或開放民營財團招標）

1. 利用廢棄學校用地或者社區活動中心試辦

2. 全部地下化自動化，輸送帶運輸，每小時自動請洗。

3. 地上公園化，環保教學化，財團認養（可抵扣綜所稅）

4. 6：00~21：00 為自由丟垃圾時間。

簡易圖如下

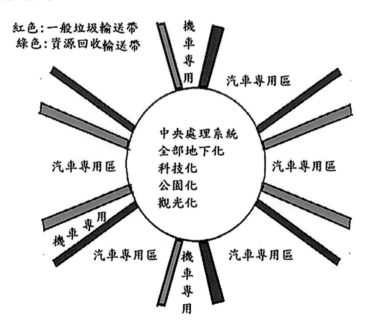

紅色：一般垃圾輸送帶
綠色：資源回收輸送帶

機車專用

汽車專用區

汽車專用區

汽車專用區

中央處理系統
全部地下化
科技化
公園化
觀光化

機車專用

汽車專用區

機車專用

汽車專用區

八、無人駕駛車全天候收垃圾

2022 年 2 月 4 日北京冬奧，百度 Apollo 提供 100 輛 Robotaxi(價值 4900 萬台幣)，沒有駕駛，無噪音、無空汙、無

時間、無地點的限制,科技用來改善健康人權。如果高雄市用自駕車收垃圾,作者願意捐款 100 萬台幣,只求無噪音就好。

2016 年 8 月 26 日新加坡啟用世界第一台無人駕駛計程車。證明自駕車可以省下高人力成本,減少空氣污染、噪音污染。

無人駕駛垃圾車裝滿就開車,固定路線,固定地點停車,全年無休,兼具觀光功能。資源回收車每小時一班。

自駕車優點:

1. 高雄市一年人事成本可以省下 9500 萬元。

2. 人民每戶每月可以減少徵收垃圾處理費 100 元以上。

3. 隨時清運隨時清洗,乾淨又方便,無空污及噪污。

2014 年瑞典就開始自動化清運垃圾

在瑞典的街道上常看到成群的垃圾桶,這些垃圾桶直通地下的管道系統,形成類似豎井的構造,民眾丟入的垃圾會先存放在豎井的底部,等到設定的時間一到,這些垃圾會被送往垃

圾中央收集站，運送的方式是透過抽風機產生一股氣流將垃圾
往收集站的方向吹送。

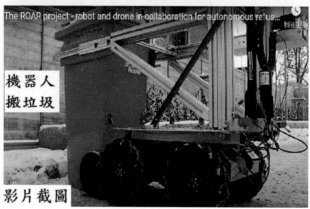

九、自費 200 萬元幫助無法倒垃圾的人民

1. 200 萬元買 4 年內住家為中心 5Km² 內之無噪音收垃圾。

2. 如果垃圾車沒有用擴音器，某些人因某些因素不能倒垃圾者，
可以經由特別委員會同意，以戶為單位，每月由本人支付

3000 元雇人幫忙倒垃圾。

例如（A）不會看手錶的人，送一個大型電子掛鐘。

（B）公園或大樓牆面裝設大型遙控電子鐘（具特殊閃燈功
能），垃圾車出現前 3 分鐘會自動閃光 180 秒提醒民
眾。

3. 特別委員會由高雄市政府研考會成立 7 人小組，任務編組。

4. 其他住戶沒有理由領取補助金，請無條件配合垃圾車取消擴
音器。

十、全民做環保，檢舉噪音送餐券（4 年 200 萬元獎勵）

1. 任何人，不分男女老少，任何政黨均可以參加得餐券。

2. 檢舉高雄市鳳山區公營垃圾車擴音器超過法律標準，檢舉成
功者，憑檢舉獎金單，親洽本人，確定成功者，自由選取自
助餐券一張，每人每日限量 1 張，同一部車每日限量 1 張，
同一人每月限量 5 張。

3. 高雄市前鎮、小港、苓雅區比照鳳山區辦理，其他地區恕不
接受辦理。

夢時代　饗食百匯餐廳
義大百匯自助餐廳

高雄市長拒絕改革噪音
人民不能有健康及自由人權
14年來市長痛恨改革噪音汙染，怎麼辦？
長期抗戰！人民檢舉鳳山垃圾車噪音成功者
可任選餐券一張，每月提供10張獎勵改革善人
除噪音、做功德、送大餐、任您選

任選 10 家飯店自助午餐券。

※無眼聯盟警語：龍蝦不宜多吃，小心變成聾瞎。

十一、Power 法（當獎勵法失效時用）又稱反射自省法（刺激官
　　　員及垃圾車司機反省）

1. 方式：2 或 3 人一組，用機動車輛播放垃圾車音樂，每次播
　　放 10 秒，間斷 10 秒再放 10 秒，連續 1 小時，每周一、四、
　　五、六晚間 6~10 點實施（可以自備分貝計，可以檢舉告發領
　　獎金（本人同樣會獎勵自助餐券）。

2. 地點：住宅區為主，市長及議員住家附近更好。

十二、他山之石可以攻錯（參考第四章）

上海國際前三大城市，他們的實施方式值得我們參考。
上海各區政府在街道旁建造了「生活垃圾分類收集站」。收集站
分為四格，分別投放可回收垃圾、有害垃圾、濕垃圾（包括廚
餘）、乾垃圾。每個格子裡放有垃圾桶。每天上午 6：30~8：30，
晚上 18：00~20：00 是居民扔垃圾的時間，規定扔垃圾的時間
結束，垃圾連同垃圾桶馬上被運走。在居民丟垃圾時，旁邊有
專人監管指導，保證各種垃圾不會混淆。因此上海不會出現沿
街叫賣式收垃圾的噪音。

十三、其他創意法

1. 快閃法

仿快閃族街頭表演，不預期突然表演【拒噪音，要健康人
權】，用唱歌或默劇或大字報等方式呈現，表達人民的心聲。

2. 網路法（此方法作者願意出錢贊助）

仿 1450 部隊，全力出擊【無眼聯盟】，要求政府給人民應
有的健康人權。

3. 羞辱法（此方法作者願意出錢贊助）

學柯賜海做法，隨時出現在【無眼聯盟】背後，手舉【還
我健康人權】看板。

4. 音樂噪音回擊

用高空沉降產生噪音反擊噪音源

用鞭炮回擊或用敲鍋盆等創意方式回擊

所有方法必須遵守不傷害人與不違法，畢竟垃圾車司機並非真的願意產生噪音，他們也是噪音第一線受害者。

老天爺主持正義，幫忙亦屬天理。

蘇貞昌院長好：信 012

要繼續沉淪或者改革，在您的一念之間。

今天繳房屋稅 8658 元，真肥啊！

人民賺錢趕不上政府花錢，

人民變窮政府變富，健康人權變不見。

何時可用稅金換健康人權。

院長有意改革噪音汙染的話，請來信索取資料，

或責問張子敬、陳其邁。

祝　健康與自由人權萬歲

王寶樹敬上 2021.5.3

張子敬環保署長：您好（122 封）信 013

昏睡之人必定裝聾作啞。

今天繳房屋稅 8658 元，真賺啊！　錢到哪裡去了？

改革人權沒有半毛錢？另外，噪音月報表、補助 200 萬元及 App 案等改革辦法，請來信索取。

祝　健康與自由人權萬歲

王寶樹敬上 2021.5.3

陳其邁、張瑞琿兩位好：(122 封)　　信 014

2021.4.11 請二位夫人站立垃圾車斗上，女人的命也是命，二位夫人果然珍惜生命不敢來，好榜樣。

2021.5.3 去超商繳房屋稅 8658 元，好貴啊！

人民不知錢落何處？只知道改革人權沒有錢。

人民負責繳稅，官員開心花費，人權仍在酣睡，二位只愛昏醉。

另外，四月分噪音統計表、補助司機或人民 200 萬元案；App 免費設計案等改革辦法，若要改革噪音汙染的話，請來信索取。

祝　健康與自由人權萬歲

王寶樹敬上 2021.5.3

綜合 14 年寫信結論：【五眼聯盟】的不作為是齷齪歷史傳統，換了新人就位，觀念若是不改，只會繼續【聾瞎】。

貳、其他民間獎勵辦法（費用由作者捐獻）

一、200 萬元 4 年計畫

（一）. 200 萬元買 4 年內住家為中心 5Km^{2}內之無噪音收垃圾。

（二）. 公司行號或 18 歲以上公民均可組隊報名。

（三）. 歡迎各英雄好漢共同參與，此為積德行善行為，更歡迎更生人，黑道、白道均可（更生人與黑道最明白是非善惡，最講道義，比民代及官員更有信用）

（四）. 用何方法都無所謂，只要不傷人不違法，達成目標後，依簽約內容領賞金。

（五）. 只要你敢做，只要垃圾車擴音器不再發出聲音，每年 50 萬元獎勵，總共獎勵 4 年後結束。

二. 天將神兵（此為自費行為，作者不贊助）

　　高雄隨地可見狗屎氾濫，隨時可聽聞雞亂啼，有人建議用【天降神蛋或天將神 S 或天降冰雹】，神蛋、神 S 不妥，此法花錢又不環保，違背環保精神。反而是天將冰雹可行，只要時間位置算準，當音量超過法律標準 15 分貝以上，不妨作適度的天懲，只要不傷害到人，讓違法司機明白【天作孽猶可違，自作孽不可活】的道理。當然，如果不小心有傷害到人，必須要接受法律處罰。

天將神兵不傷害人，老天爺會賜福與你

（1）適用時機：當你發現垃圾車噪音超過72分貝者

（法定擴音器上限57分貝）

（2）方法：天將神兵法 （美國客機廢水冰塊塗醬地面，人民如獲至寶），仿照美機，祈求老天爺此時也能天將神冰送到垃圾車擴音器上，使其故障無法囂張傷害健康人權。

註：兵，械也。《周禮‧夏官‧司兵》兵，器也。《易經‧繫辭上》：「形而上者謂之道，形而下者謂之器。」

為求人民享有健康人權，不擇手段，可以

但是，絕對不能傷害別人的健康，否則就是

迫害人民健康人權，與那些聾瞎官員有何不同呢？

如果懸賞辦法也無法改革噪音汙染，只有等中國大陸統一台灣之，請上海環保專家來改善噪音。

三. 如果兩岸仍未統一，只能祈禱或者期待天將神兵，金剛之怒了。

最後，引用朱立倫市長的話：

【官員不改革求善，就是尸位素餐】

人民沒有健康，就會失去生命，人民短命，官員未必長命。

維護健康人權，人民健康長壽，人民高興，官員一定長命。

做公益

懸賞200萬元

愛環保人權

錢財如果能換來健康人權，甘願！

把垃圾車噪音消除者
獎金200萬元新台幣

公營特權垃圾車

歡迎
英雄好漢來拿

自由人權值得 錢財如果能換來

錢財如果能換醒 政客靈魂歡喜

錢財如果能換來健康幸福，天佑台灣！我願意

　　環保局說：放音樂是為了人民安全，依此亂推，公車、計程車為了安全沿路猛按喇叭也可以，睜眼說瞎話，好蝦ㄟ。

　　環保局說：放音樂是教育民眾，讓耳聾的人都可以享受音樂，音樂不是噪音。依此亂推，公車、計程車沿路猛放 94.8 分貝的音樂，為了音樂教育所有龍的傳人，好聾ㄟ。

　　全世界首創【台灣政府刁難人民捐 500 萬劑 BNT 疫苗救

人】，無獨有偶，【高雄市政府刁難人民捐200萬元改善噪音污染】

高雄市政府環境保護局　函

受文者:陳情人

發文日期及字號:110年7月8日，衛字第11036370500號

主旨:有關台端陳情本局「垃圾車配樂噪音」案…

說明:一、依環保署110年7月2日督字第1101090015號函辦理。

　　二、…本局為多數人意見為優先考量…尚請見諒。

局長　張瑞琿

　　環保局未做問卷調查卻說【多數人意見】，行政虛偽造假。

　　政府說萊豬無害健康人權，無視【多數人意見66.7%】反對開放萊豬，強調這是執行立法院通過的法律。叫人不解的是，噪音法也是立法院通過的法律，可以不執行?

　　結論:政府選擇性守法，龍蝦與聾瞎執政;五眼與無眼聯盟無法區分。

　　用五眼法律掮客，做無眼無賴人權，這就是五眼聯盟的執政。

　　聾瞎噪音處裡的態度推演到COVID-19之亂，冤死700條人命。

　　人吼豬吟雞啼狗吠，借音樂教育之名，透過擴音器發出 57
分貝以上的音量，在晚間 7 時以後都是違法噪音，垃圾車司機
奉命播放，直接噪音受害者，代罪羔羊，勿責怪。

　　五眼可以狂吃龍蝦，但不能狂銷萊豬、高端、噪音、火力
發電、1450 等，請用心改革執政態度吧。

　　明知萊株有毒，卻強逼萊豬進口。
　　明知空氣汙染，卻強增台中火力發電機組。
　　明知噪音汙染，卻強播垃圾車暴力音樂。
　　官員奇怪理念，權貴人物堅持叫人不解。
　　平民慈悲理念，傻瓜們的堅持叫人不捨。
　　捐救命神器、500 萬劑疫苗、200 萬除噪獎金……
　　權貴人物充斥官員，卻獨缺傻瓜精神。
　　許多人誤觸法網進入大牢，他們痛改前非。
　　決定做傻瓜，傻瓜就是耶穌口中的小兄弟。
　　這些小兄弟如同小天使般愛著世人。

瑪竇福音 25 章

凡你們對我這些最小兄弟中的一個所做的，就是對我做的。

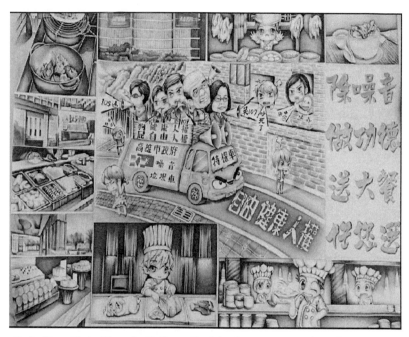

前言第一張與第八章最後一張圖都是一位小兄弟所畫，小兄弟
是個小天使，把耶穌的愛藉由圖畫向世界傳達，關心人權教人
動容。

國家圖書館出版品預行編目資料

台灣環保噪音汙染戕害人權／王寶樹著. —初
版. —臺中市：樹人出版，2021.9
　　面；　公分
ISBN 978-986-82546-6-4（平裝）
1. 噪音 2. 噪音防制 3. 高雄市
445.95　　　　　　　　　　　110012827

台灣環保噪音汙染戕害人權

作　　者　王寶樹
校　　對　王寶樹
發 行 人　張輝潭
出版發行　樹人出版
　　　　　412台中市大里區科技路1號8樓之2（台中軟體園區）
　　　　　出版專線：（04）2496-5995　　傳真：（04）2496-9901
　　　　　401台中市東區和平街228巷44號（經銷部）
　　　　　購書專線：（04）2220-8589　　傳真：（04）2220-8505
專案主編　林榮威
出版編印　林榮威、陳逸儒、黃麗穎、水邊、陳婉婷、李婕
設計創意　張禮南、何佳諠
經銷推廣　李莉吟、莊博亞、劉育姍、李如玉
經紀企劃　張輝潭、徐錦淳、廖書湘、黃姿虹
營運管理　林金郎、曾千熏
印　　刷　普羅文化股份有限公司
初版一刷　2021 年 9 月
定　　價　250 元